kosmos Naturführer

Aus dem Englischen übersetzt von Dipl.-Geologe Ekkehard Jeremias, Stuttgart.
Titel der Originalausgabe: »HAMLYN PRACTICAL GUIDE: Fossils«. Erschienen 1986 bei Hamlyn Publishing Group Ltd., England unter der ISBN 0 600 30648 8

Mit 403 farbigen Einzeldarstellungen, zusammengefaßt auf 64 Bestimmungstafeln, 24 farbigen und 34 Schwarzweiß-Zeichnungen, 10 Farbfotos, 1 Schwarzweißfoto und 3 Tabellen.

Illustrationen und Zusammenstellung: Fotografien: Mit Ausnahme der Seite 12 (Novosti Press Agency) wurden alle Fotografien dieses Buches von RIDA Photo Library erstellt.
Bestimmungstafeln: hergestellt von RIDA Photo Library.
Weitere Abbildungen: hergestellt von Format Publishing Services.
Zusammenstellung und Gestaltung: von Format Publishing Services, 10A The Parade, Chandlers Ford, Eastleigh, Hants.

Umschlaggestaltung: Kaselow Design, München, unter Verwendung einer Farbaufnahme von Helmut Fleissner, Bad Nauheim. Das Foto zeigt eine fossile Steinkoralle ***Hexagonaria*** (GOLDFUSS) aus dem Mittleren Devon. Fundort: Eifel; Sammlung: Brigitte Fleissner.

Der Autor: RICHARD MOODY, Doktor der Philosophie, ist Dozent für Geologie am Polytechnikum in Kingston/Surrey, England. Er ist Vizepräsident der Geologists Association, London, Mitglied des Rates der Geological Society und Berater in Ölfragen für Europa und Nordafrika. Sein wissenschaftliches Hauptinteresse widmet er der Paläntologie, Stratigraphie und Sedimentologie. In den letzten 10 Jahren leitete Dr. Moody wichtige Expeditionen in Afrika. Dabei entdeckte er den Nachweis für eine alte Meeresstraße, die das Mittelmeer mit dem Atlantik verbunden hat. Er hat weitere Bücher und wissenschaftliche Arbeiten veröffentlicht. Zur Zeit erforscht er Fossilien und Sedimente des Tertiärs und der Kreide von Niger und Mali.

CIP-Kurztitelaufnahme der Deutschen Bibliothek

Moody, Richard:
Fossilien finden und bestimmen / Richard Moody.
(Aus d. Engl. übers. von Ekkehard Jeremias). –
Stuttgart: Franckh, 1987.
(Kosmos-Naturführer)
Einheitssacht.: Fossils (dt.)
ISBN 3-440-05713-5

Franckh'sche Verlagshandlung, W. Keller & Co., Stuttgart/1987

Printed in Italy / Imprimé en Italie / L 10 sk H gb
ISBN 3-440-05713-5
Satz: Grafische Verfahrenstechnik Layer, Ostfildern
Herstellung: Olivotto, Italien

kosmos Naturführer

Richard Moody

Fossilien finden und bestimmen

Mit über 300 Versteinerungen in Farbe

*Kosmos
Gesellschaft der Naturfreunde
Franckh'sche Verlagshandlung
Stuttgart*

Vorwort

Dieses Buch ist ein praktischer Geländeführer für interessierte Amateure, Schüler und Studenten. Der Leser kann damit nicht nur einiges von der Paläontologie (der Wissenschaft von den fossil erhaltenen Lebewesen) verstehen lernen, er wird auch daran gehen können, Fossilien im Gelände zu sammeln und zu bestimmen. Geländearbeiten sind ein wichtiges Element bei der Sicherstellung wissenschaftlicher Daten, und die Entdeckung neuer, unbekannter Arten erfordert auch heute noch die Arbeit des Amateurs. Das Buch erklärt auch, wie Fossilien entstehen, und es beschreibt die beim Sammeln und Präparieren angewandten Techniken. Die Funde aus dem Gelände helfen uns, die biologische Evolution zu verstehen, sie zeigen den Wandel der Lebensgemeinschaften von Pflanzen und Tieren über unermeßliche Zeiträume, und jedes Fundstück hilft mit, das große Mosaik zu vervollständigen.

Inhalt

Einleitung

Geologie ist eine Wissenschaft mit vielen Fachgebieten. Viele Geologen sind Spezialisten und neigen dazu, sich auf ihre Forschungsinteressen zu beschränken. Petrographen erforschen Zusammensetzung und Eigenschaften der Gesteine. Tektoniker untersuchen Gebirgsfalten, messen und dokumentieren das dazugehörende tektonische Gepräge. Stratigraphen erforschen die Beziehungen zwischen Sedimentgesteinen, die im Laufe der Zeit abgelagert wurden, und enträtseln deren Geschichte, während Paläontologen die Reste von Tieren und Pflanzen, die vor Tausenden, Millionen oder sogar Milliarden von Jahren gelebt haben, bestimmen und beschreiben. Solche Reste werden als Fossilien bezeichnet. – Sie sind Gegenstand dieses Buches. Es wird Ihnen helfen, selbst Fossilien zu sammeln und zu bestimmen. Außerdem soll es zum Verständnis der Lebensweise dieser ausgestorbenen Tiere beitragen. Es will Sie anregen, eigene Gedanken zu entwickeln, welche Beziehungen zwischen den Sedimenten und den darin eingebetteten Fossilien bestehen. Der Arbeitsbereich eines Geologen erstreckt sich über jede Art von Gelände, in dem Gesteine (und die darin zu vermutenden Fossilien) vor Ort aufgeschlossen sind.

Wie man dieses Buch benützt

In den einleitenden Kapiteln wird beschrieben, wie Fossilien entstehen und über die verschiedenen Erhaltungszustände berichtet. Sie werden lernen, wie man Fossilien sammelt, und wie man das Fossil zusammen mit dem umgebenden Sediment zu einem entsprechenden Ablagerungsmilieu in Beziehung setzt. Mit dem ersten Bestimmungsschlüssel (siehe Seite 38) können Sie Ihr Fundstück einer bestimmten Fossilgruppe zuordnen. Die nachfolgenden Schlüssel erlauben eine nähere Bestimmung, und letztlich kann mit der richtigen Farbtafel die Überprüfung erfolgen. In den Erläuterungen am Schluß des Buches werden einige Fachbegriffe definiert.

Landschaftsschutz – einige Verhaltensregeln

Geologen und Grundstücksbesitzer sind sich über die Wichtigkeit des Landschaftsschutzes bewußt: Vandalismus und übereifriges Sammeln müssen verhindert und folgende Punkte sollten beim Sammeln beachtet werden:

1. Betreten Sie nie Privateigentum ohne ausdrückliche Erlaubnis.
2. Hämmern Sie nicht sinnlos in Aufschlüssen herum und lassen Sie keine Steine auf Straßen und Feldern zurück.
3. Schließen Sie alle Tore.
4. Befolgen Sie lokale Sonderregeln.
5. Bedenken Sie, für Ihre eigene Sicherheit sind nur Sie selbst verantwortlich, verantwortungsloses Verhalten aber gefährdet auch andere.

Geländeausrüstung

Tragen Sie stets ausreichend warme Kleidung und festes Schuhwerk, denken Sie an Regenschutz. Zur Orientierung sind topographische Karten im Maßstab 1:25000 oder 1:50000 sehr nützlich.

Nehmen Sie ein Feldbuch mit ins Gelände. Genaue Feldbucheintragungen sind ein wesentlicher Teil der eigenen Aufzeichnungen und möglicherweise nach Jahren der einzige Anhaltspunkt für einen Aufschluß, der durch Bebauung oder Erosion nicht mehr vorhanden ist. Achten Sie bei Ihren Eintragungen auf deutliche Schrift und eindeutige Ausdrucksweise und machen Sie Skizzen dazu. Fotografien können sowohl einen guten Überblick verschaffen, als auch kleine Ausschnitte des Aufschlusses zeigen, sie sind jedoch kein Ersatz für eine ausführliche Skizze. Alle Fotografien sollten ausreichend numeriert und beschriftet sein. Gespitzte harte Bleistifte, wasserfeste Faserschreiber, Radiergummi und Buntstifte sind zur ordentlichen Führung eines Feldbuches notwendig.
Weitere Ausrüstungsgegenstände sind Lupe, Sieb, Kompaß mit Neigungsmesser, Hammer und Meißel. Mit Hilfe der Lupe lassen sich feine Details am Gestein und an den Fossilien wahrnehmen. Der Kompaß ist wichtig, um Einzelheiten der Geometrie des Aufschlusses zu messen, oder für Peilungen im Gelände. Es empfiehlt sich, die Karte auf einem Klemmbrett, und beides zusammen in einer Klarsichthülle unterzubringen. Ein starker Rucksack oder eine Segeltuchtasche eignen sich zum angenehmen Transport der gesamten Ausrüstung.

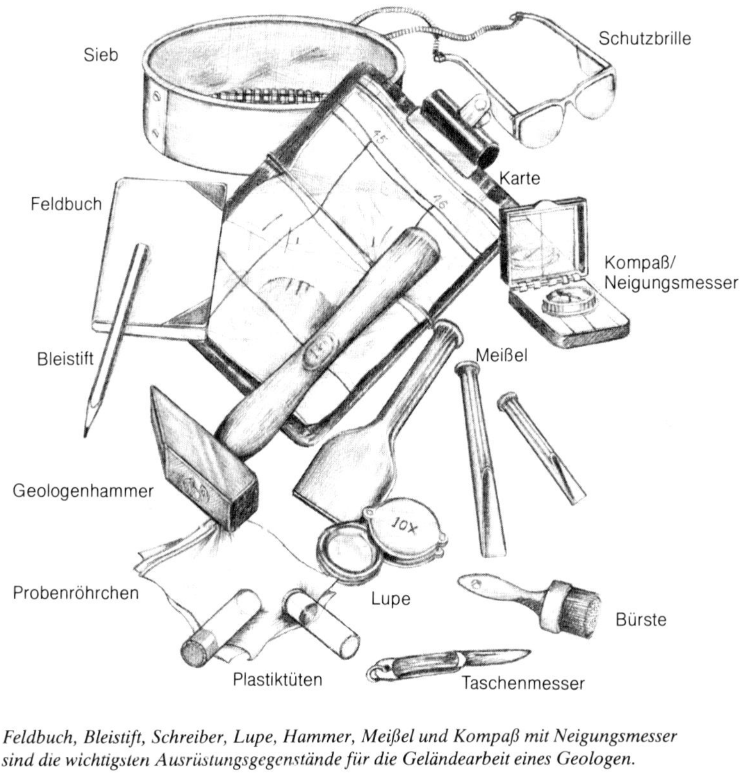

Feldbuch, Bleistift, Schreiber, Lupe, Hammer, Meißel und Kompaß mit Neigungsmesser sind die wichtigsten Ausrüstungsgegenstände für die Geländearbeit eines Geologen.

Fossilien – die Reste vergangenen Lebens

Nach dem Tod von Pflanzen oder Tieren werden die Überreste oft zerstört, verwittert oder von hungrigen Tieren aufgefressen. Dies betrifft insbesondere die auf dem Land lebenden Organismen. Der bakterielle Verwesungsprozeß fördert die Zerstörung von Weichteilen und Skeletten und läßt sie unwiderruflich verschwinden. Gelegentlich wird ein Tier oder eine Pflanze ins Wasser fallen und im weichen Schlamm auf dem Grund eines Teiches oder Sees versinken. Dort werden die Reste eingebettet, und unter günstigen Bedingungen kommen Agenzien der Zersetzung nicht zum Einsatz. Mit der Zeit werden mehr und mehr Schlammschichten den Schutz verstärken. Verschiedene, im Wasser gelöste Stoffe können die Erhaltung des Skeletts und der Weichteile noch begünstigen. Auf diese Weise eingebettete Tier- oder Pflanzenreste haben gute Chancen, fossil erhalten zu bleiben.
Überreste von Säugern, einschließlich des Menschen, wurden unter anderem in Torfmooren gefunden. Diese weitere Art der Fossilisation bedingt außergewöhnlich gute Erhaltung von Haut, Haaren und Eingeweiden. Sogar Rückschlüsse auf die Ernährung und das Lebensalter sind möglich. Für geologische Begriffe sind diese Funde jedoch sehr jung. Die zwei- bis dreitausend Jahre, die verstrichen sind, nachdem die Tiere im Moor eingebettet wurden, stellen auf der geologischen Uhr nur eine Millisekunde dar. Je älter die Funde sind, umso weniger vollständig erhaltene Organismen werden wir heute davon finden. Die Beschaffenheit und die Merkmale dieser Organismen wandeln sich in gleicher Weise, wie verschiedene Tier- und Pflanzengruppen zu verschiedenen Epochen in unterschiedlichen Biotopen vorherrschend waren. Ihre Erhaltungszustände sind abhängig von der Verwandlung von weichem Sediment zu Sedimentgestein, der Kompaktion und einem Wechsel der chemischen Zusammensetzung. Fossilien sind demnach die Überreste von Pflanzen und Tieren, die in Sedimenten erhalten geblieben sind. Ein vollständig erhaltenes Fundstück ist eine Seltenheit. Die häufigsten Fossilien sind harte Schalen oder Skelette von Tieren, versteinerte Holzstücke, sowie Fährten, Schleifspuren oder Grabgänge von Tieren im weichen Sediment.

Zur Erhaltung eines Fossils nach seinem Tod ist die rasche Einbettung in feinkörnige Sedimente notwendig.

Formen der Erhaltung

In den meisten Fällen hängt die Fossilisation vom raschen Einbetten in einer Ablagerung und vom Schutz vor Zerstörung ab. Die bakterielle Zersetzung wird durch Einbettung in Schlamm, vulkanische Asche oder durch tiefe Temperaturen verhindert. Sehr trockene klimatische Bedingungen können ebenfalls zur Mumifizierung der organischen Reste führen. Wie erwähnt, stammen die meisten Fossilien von Tieren, die Hartteile besaßen, wobei Meerestiere gegenüber den auf dem Land lebenden Organismen größere Erhaltungschancen hatten. Im Tierreich unterscheidet man zwischen Tieren mit und ohne Rückgrat. Erstere werden **Vertebraten** genannt, letztere **Invertebraten.** Die Knochen der Vertebraten bestehen aus Calciumphosphat, während die Schalen der Invertebraten aus Calciumkarbonat, Calciumphosphat, Kieselsäure oder verschiedenen organischen Substanzen bestehen.

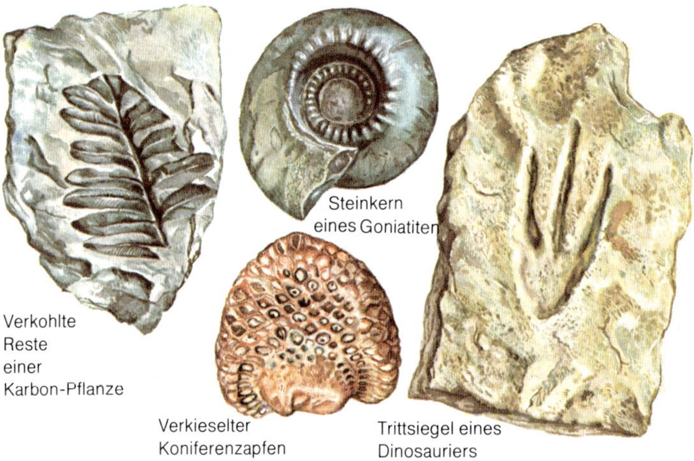

Ein Fossil kann als Abdruck oder Abguß, durch andere Stoffe ersetzt oder gar unverändert erhalten sein.

ERHALTUNG DER HARTTEILE. In Gesteinen, die jünger als 60 Millionen Jahre sind, findet man bei den Invertebraten häufig Muschelschalen und die gegliederten Körper von Insekten unverändert vor. In diesen Fällen sind die ursprüngliche Struktur der Hartteile und deren chemische Zusammensetzung durchaus mit den lebenden Verwandten vergleichbar. Muschelschalen bestehen aus Calciumkarbonat. Die Außenseite ist mit einer dünnen, schwarzen organischen Schicht überzogen. Das Calciumkarbonat tritt in zwei Formen auf: als trigonaler Calcit und als rhombischer Aragonit. Der Aragonit wandelt sich leicht in den stabileren Calcit um. In Gesteinen, die älter als 60 Millionen Jahre sind, kommen deshalb selten aragonitische Schalen vor.

Hartteile aus Calciumphosphat sind gegen chemische Einwirkungen verhältnismäßig resistent, und somit finden sich die Reste von zahlreichen Tieren noch unverändert in 600 Millionen Jahre altem Gestein. Das gilt auch für Skelette aus komplizierten organischen Verbindungen – die hornigen Panzer von Insekten und verwandten Tieren sollen hier erwähnt werden. Nur wenig Organismen scheiden als primäre Skelettsubstanz Kieselsäure ab, z.B. einige Gruppen von Schwämmen. Der ursprüngliche Skelett-Opal der Schwämme ist ziemlich unbeständig und wird darum wie auch der Aragonit in alten Gesteinen selten gefunden.

UMWANDLUNG DER HARTTEILE. Die Umwandlungsprozesse in Sedimentgesteinen betreffen auch die darin eingebetteten Fossilien. Die ständige Anhäufung von Material übt Druck auf die Fossilkörper aus und bewirkt neben dem Auspressen von Wasser auch eine Verdichtung des Gefüges. Bei diesem Vorgang werden die Fossilkörper gestaucht. Außerdem ist eine Beeinflussung der Fossilien durch chemische Veränderungen des Porenwassers im Gestein möglich. Die Schalen vieler wirbelloser Tiere bestehen aus Mineralien mit einer typischen Faser- oder Schichtstruktur. Die Überlieferung dieser Strukturen zeigt, daß die Hartteile wahrscheinlich nicht umgewandelt wurden. Eine Mosaikstruktur oder ein körniges Gefüge (mit einer starken Lupe oder einem Mikroskop sichtbar) weisen auf eine **Umkristallisierung** hin. Das geschieht, wenn das ursprünglich feinfaserige Mineral in Lösung geht und in einer groben Struktur wieder auskristallisiert. Durch die Umkristallisierung von Aragonit zum stabileren Calcit wird das Originalgefüge zerstört. Die Umkristallisierung hat jedoch nicht unbedingt einen Mineralwechsel zur Folge.

Ein **Stoffaustausch** setzt dagegen voraus, daß das ursprüngliche Mineral des Fossils durch ein anderes ersetzt wird. Bei diesem Vorgang zirkulieren Lösungen durch das umgebende Muttergestein. Die Flüssigkeiten reagieren mit dem eingeschlossenen Fossil, wobei das ursprüngliche Mineral in Lösung geht. Beinahe gleichzeitig wird ein anderes Mineral aus der Lösung ausgefällt und nimmt den freiwerdenden Raum im Fossil ein. Ein häufiges Austauschmineral ist Pyrit mit seinen goldenen, würfelförmigen Kristallen. Durch ihn erhält manches Fossil einen zusätzlichen Glanz. Pyritisierte Fossilien werden häufig in schwarzen Tonsteinen (feinkörnige Gesteine, in sauerstoffarmem Milieu abgelagert) gefunden.

Eine weitere gängige Austauschsubstanz ist die Kieselsäure. Quarz oder Calcedon ersetzen oft den Calcit in Muschelschalen oder Korallenskeletten. Unübersehbar wittert ein solches Fossil über die Oberfläche einer Kalkbank hinaus. In Wirklichkeit hat kohlendioxidhaltiges Wasser wie eine verdünnte Säure den Kalk um das verkieselte Fossil herum weggeätzt.

Auch zur Imprägnation von fossilem Holz tritt Kieselsäure auf. Dabei wird das dünne Gewebe buchstäblich zu Stein. Dieser Vorgang, bei dem das Fossil dichter und schwerer wird, heißt **Versteinerung.**
Holz, Pflanzen und die organische Substanz der Skelette einiger Invertebraten sind im allgemeinen reich an flüchtigen Stoffen. Sie unterliegen dem Prozeß der Inkohlung. Die Folge ist eine Verarmung an flüchtigen Stoffen, wie Sauerstoff, Wasserstoff und Stickstoff, und die Erhaltung der Blätter oder Skelette als dünne Kohleschicht.

In durchlässigen Gesteinen, die Wasser auf Klüften oder im Porenraum führen, können Fossilien aufgelöst werden. Sie hinterlassen dann **Hohlformen,** die auch als **Abdruck** bezeichnet werden. Verbreitet ist diese Erscheinung in Sandsteinen, sandigen Kalksteinen oder Eisensandsteinen. Wurde nun die Schale nach der Einbettung mit Sediment gefüllt, so wird man nach deren Auflösung diese innere Ausfüllung lose im Hohlraum finden. Man nennt sie **Steinkern.** Bei Muscheln bildet der Steinkern genau die Innenform der Schale ab, und man kann die Abdrücke der Schließmuskeln und möglicherweise die Umrisse des Weichkörpers erkennen. Wird ein leerer Abdruck nachträglich mit Sediment oder mit Mineralien ausgefüllt, so stellt die neu entstandene Form wie ein **Abguß** die ursprüngliche Schale dar.
Von den durch Lösung entstandenen Hohlformen im Gestein lassen sich Abgüsse herstellen. Man verwendet Plastilin, oder besser noch eine spezielle Kautschukmasse, die man einfach über die Gesteinsoberfläche ausgießt. Sobald die Masse getrocknet ist, zieht man sie vorsichtig ab. Dabei ist zu beachten, daß feine Strukturen nicht vom Duplikat abgerissen werden. Oft hinterläßt die ursprüngliche Schale ihre feine Struktur an der Oberfläche des Abdrucks, und nun verziert sie den dreidimensionalen Abguß. Damit können weitere Informationen über Größe und Gestalt der ursprünglichen Fossilien gewonnen werden.

Ein häufiges Austauschmineral ist der Pyrit. Durch ihn erhalten manche Brachiopoden (Foto) und Ammoniten einen zusätzlichen Glanz.

Verschiedene Fossil-Typen

Die meisten Fossilien, die Sie finden werden, sind die Hartteile der Organismen, wie Schalen, Zähne und Knochen. Andere, einschließlich Steinkern, Abdruck und Abguß, sind aber ebenso wichtig für die Erforschung von Einzelorganismen und Fossilgemeinschaften. Man spricht bei Schalen und Skeletten von Körperfossilien, weil sie Einzelheiten über Gestalt und Funktion der tatsächlichen Organismen sicherstellen. Auch ein Abdruck wird so bezeichnet, besonders wenn er Einzelheiten des Weichkörpers dokumentiert. Körperfossilien kommen in jeder Form und Größe vor, sie reichen von mikroskopisch kleinen Meeresbewohnern bis zu den riesigen Landsauriern. Ihr Erhaltungszustand wechselt mit den Bedingungen zum Zeitpunkt von Tod und Einbettung.

SUBFOSSIL. Dieser Begriff wird für die Reste von Tieren und Pflanzen verwendet, die in Gesteinen, jünger als 10.000 Jahre, überdauert haben; so z.B. der Bison, dem das Torfmoor zur Falle wurde, und der in Höhlen mumifizierte steinzeitliche Mensch. Subfossilien entstanden nach der letzten Vereisung, während der holozänen Epoche.

MIKROFOSSILIEN. Dazu gehören Organismen, die kleiner als 0,5 mm sind. Jedoch erzeugen manche ein Skelett bis zu 10 cm Durchmesser. Einzellige Pflanzen und einzellige Tiere können mineralische Skelette ausbilden, davon sind einige Hauptbestandteil mancher Sedimentgesteine.

In Torfmooren eingefrorene Tiere, die während des Pleistozän und Holozän lebten, wie das mit Wollpelz ausgestattete Mammut, bezeichnet man als subfossil.

MAKROFOSSILIEN. Sie sind größer als 1 cm. Die Mehrzahl aller Pflanzen und Tiere, wie Muscheln, Korallen oder Skelette von Vertebraten fallen unter diesen Begriff.

SONDERFORMEN DER ERHALTUNG. Fossilien mit besonders guter Erhaltung sind sehr selten. Dazu gehört das Mammut aus dem sibirischen Inlandeis und die Reste des Urvogels Archaeopteryx. Ein Zusammentreffen günstiger Zufälle und Bedingungen hat hier die Konservierung im Gestein ermöglicht. Bekannte Fundstätten sind der Solnhofener Plattenkalk von Südwestdeutschland und der Burgess-Schiefer in Kanada.

SPURENFOSSILIEN. Diese Überlieferungen wurden von Organismen bei den Verrichtungen des täglichen Lebens erzeugt, z.B. beim Gehen, Kriechen, Graben, Bohren oder bei der Nahrungsaufnahme. Trittsiegel von Dinosauriern, Wurmfährten im Sediment und Löcher von Bohrmuscheln gehören dazu.

KOPROLITHEN. Auch sie gehören zu den Spurenfossilien. Es handelt sich um den Kot von Tieren. Sie variieren in Form und Größe von winzigen Kotpillen oder Pellets einer Meeresschnecke bis zu großen Koprolithen von Krokodilen, Dinosauriern oder Säugetieren.

BIOKLASTIKA. Dieser Begriff wird verwendet für Ansammlungen kleiner Fossilien und Fossilbruchstücke im Sediment. Er wird auch bei Handstükken oder im mikroskopischen Dünnschliff angewandt.

Archaeopteryx ist der älteste überlieferte Vogel. Seine Reste wurden im jurassischen Plattenkalk von Solnhofen in Süddeutschland gefunden.

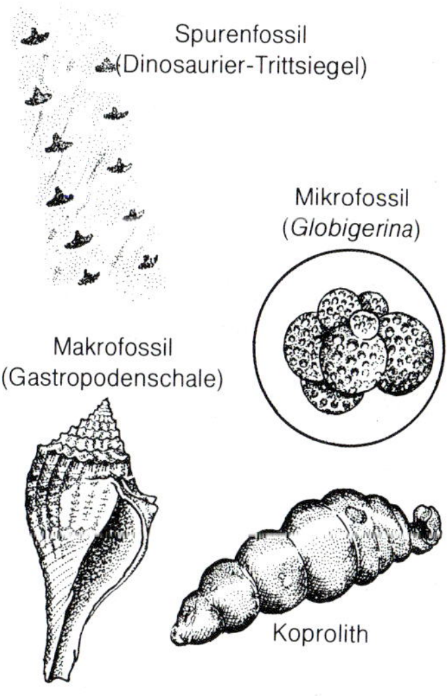

Die oben gezeigten Fossilien sind Beispiele für die auf Seite 12 und 13 beschriebenen Gruppen.

Die Verbreitung der Fossilien in Raum und Zeit

Geologisch ausgedrückt: Ohne die gewaltige Summe von Informationen aus den Schichtfolgen der Sedimente und ihrer Fossilien sind geologische Zeiträume nur schwer zu bestimmen. Gesteinsfolgen werden mit Hilfe ihrer spezifischen Merkmale, wie Korngröße und anderen Sedimentstrukturen, einer sogenannten Fazies zugeordnet. Manche Fossilien bleiben auf eine bestimmte Fazies beschränkt, andere auf einen bestimmten Horizont oder eine Zeitzone. Sie werden im folgenden definiert:

FAZIESFOSSILIEN. Gebunden an besondere Ablagerungsbedingungen sind sie für den Stratigraphen in bezug auf die zeitliche Abfolge nur untergeordnet bedeutsam, denn ihre geographische Verbreitung ist begrenzt. Jedoch vermitteln sie einen Einblick in das Ablagerungsmilieu.

ZONENFOSSILIEN. Im Gegensatz zu Faziesfossilien sind sie auf einen engen stratigraphischen Horizont beschränkt. Dieser Horizont ist eine biostratigraphische Einheit, und die kleinste dieser Einheiten nennt man **Zone.** Man versteht darunter die vertikale und horizontale Verbreitung des Zonenfossils, oder im Falle einer **Faunenzone** die Verbreitung einer ganzen Fossilgemeinschaft.

REICHWEITE. Dieser Begriff beschreibt den Zeitraum, in dem ein Fossil auf Erden gelebt hat. Die Reichweite wird jedoch ohne Berücksichtigung der Zeitdauer in lithologischen Einheiten, d.h. in bezug auf die betreffende Schichtfolge, erfaßt. Sie kann von einem kleinen Teil einer geologischen Periode bis zu mehreren Perioden reichen.

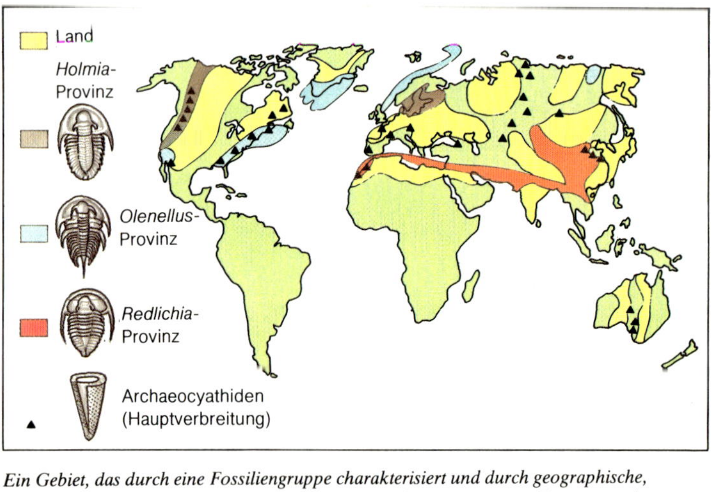

Ein Gebiet, das durch eine Fossiliengruppe charakterisiert und durch geographische, ökologische und klimatische Faktoren bestimmt wird, nennt man eine Faunenprovinz.

UMGELAGERTE FOSSILIEN. Wittern Fossilien aus ihrem ursprünglichen Sediment heraus und werden erneut in eine jüngere Ablagerung eingebettet, so sind sie natürlich älter als das Sediment, in dem sie gefunden werden.

FAUNENPROVINZEN. Definiert wird die Ausbreitung zusammenlebender Organismengruppen. Die Grenze einer Provinz kann z.B. durch klimatische oder geographische Kriterien bestimmt sein. Bei einem stratigraphischen Überblick (s. S. 17) ist es jedoch unmöglich, diese Einflüsse mit ausreichender Genauigkeit zu erkennen. Eine Faunenprovinz wird aber durch das Auftreten einer Fossilgemeinschaft während eines bestimmten Abschnitts der geologischen Zeiteinteilung wahrgenommen. Auch die Faunengemeinschaft sollte hier berücksichtigt werden. Faunenprovinzen variieren in ihrer räumlichen Ausdehnung. Eine ausführliche Rekonstruktion von Faunenprovinzen liefert Information zu Plattenbewegungen und Paläogeographie der einzelnen Perioden.

LEBENSGEMEINSCHAFT. Fossilien, die am Lebensort erhalten sind, zeigen uns die damalige Lebensgemeinschaft. Ein gutes Beispiel ist das Riff.

GRABGEMEINSCHAFTEN. Grabgemeinschaften sind Anhäufungen toter Organismen, die aus verschiedenen Lebensbereichen stammen und gemeinsam eingebettet wurden.

Fossilien, die in Lebensstellung eingebettet wurden, beschreiben eine Lebensgemeinschaft.

Grabgemeinschaften bestehen im wesentlichen aus Ansammlungen von transportiertem Fossilmaterial, das nicht am Lebensort eingebettet wurde.

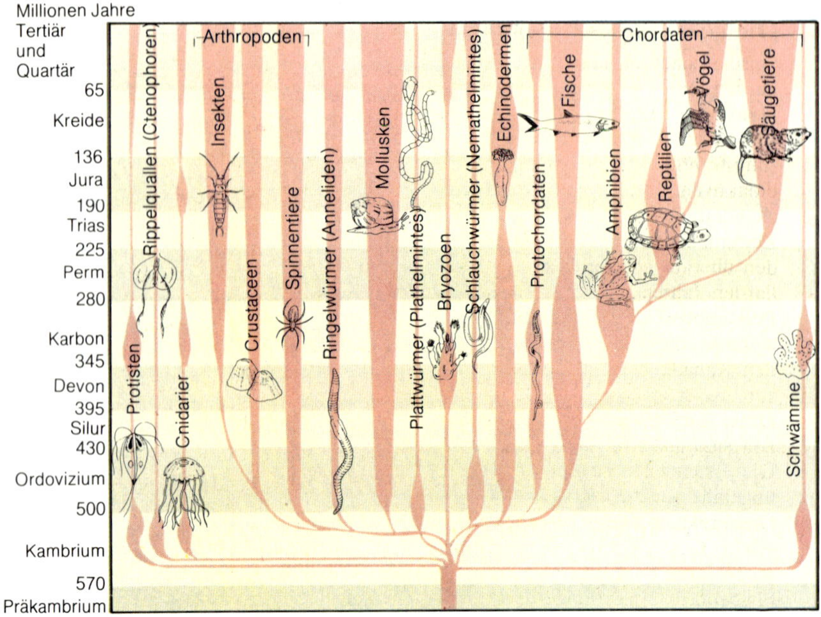

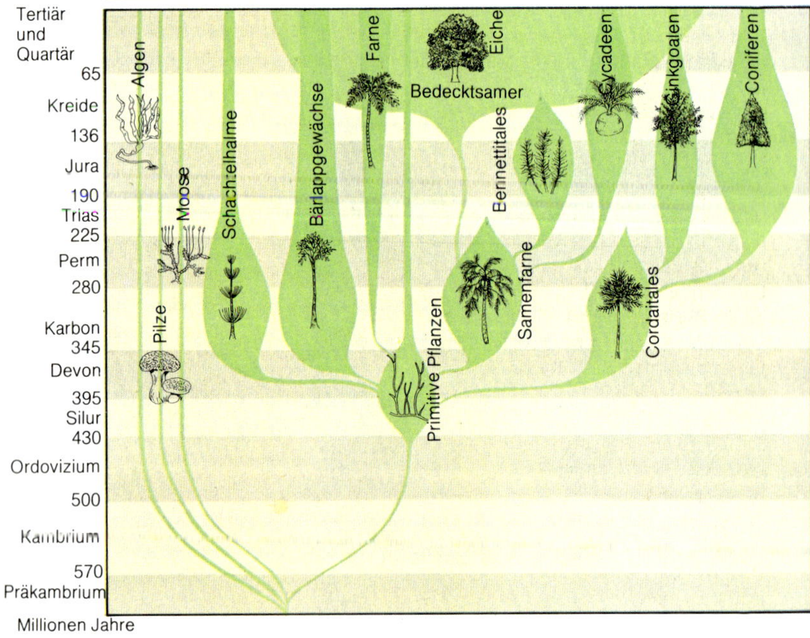

Die Evolution der Tiere (ganz oben) begann mit Einzellern im Präkambrium. Die Pflanzenevolution (oben) begann ebenfalls im Präkambrium.

Die geologische Zeiteinteilung

Unser Planet ist annähernd 4,6 Milliarden Jahre alt. Das Alter wurde mit Hilfe von radiometrischer Altersbestimmung ermittelt. Diese Datierungstechnik mißt den Anteil von radioaktivem Zerfall in den entsprechenden Gesteinen. Vom gesamten Zeitumfang nimmt das **Präkambrium** den überaus größten Teil von 4 Milliarden Jahren für sich in Anspruch. Präkambrische Gesteine bilden gewöhnlich die **Festlandschilde,** wie z.B. den Kanadischen Schild. Sie wurden zumeist stark verändert oder durch Druck und Hitze **metamorph.** Fossilien sind selten in diesen Gesteinen. Die ersten Lebenszeichen erscheinen ungefähr vor 670 Millionen Jahren. Das Präkambrium wird entsprechend seiner Gesteine und deren tektonischen Strukturen gegliedert. Die verbleibenden 600 Millionen Jahre vom Ende des Präkambriums bis heute sind von der Anwesenheit unterschiedlichster Lebensformen geprägt. Dieser Zeitabschnitt wird als **Phanerozoikum** bezeichnet, das bedeutet »sichtbares Leben«. Ein weiteres Merkmal ist die Reihe der übereinander abgelagerten Schichtgesteine. Erscheinen und Erlöschen vieler Organismen sind der Schlüssel zur Gliederung des Phanerozoikums. Eine solche Gliederung mit Hilfe von Fossilien heißt **Biostratigraphie,** während eine Gliederung nach der Schichtfolge der Gesteinskörper als **Lithostratigraphie** bezeichnet wird.

Ein anderer Zweig der **Stratigraphie,** der Erforschung der geschichteten Gesteine, ist die **Chronostratigraphie.** Sie erarbeitet eine Gliederung und Parallelisierung von Gesteinsschichten der betreffenden Perioden über die ganze Welt. Radiometrische Methoden verhelfen dabei zu präziseren Altersbestimmungen.

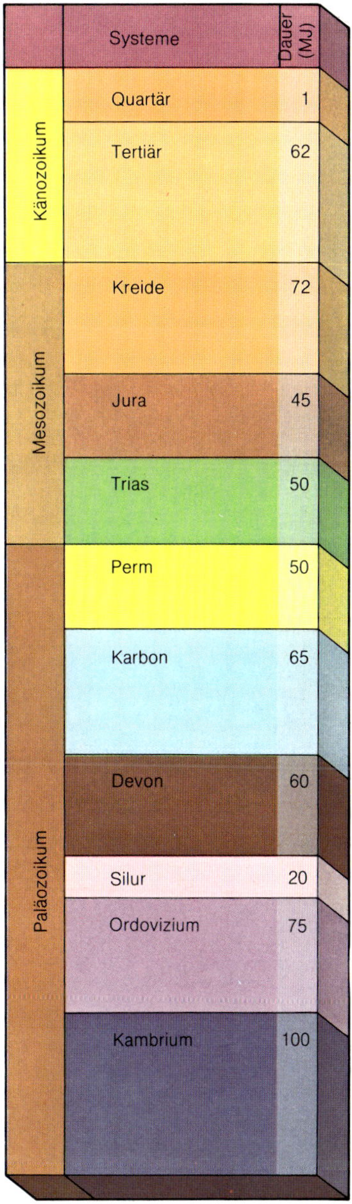

Die Geologische Zeiteinteilung gliedert sich in 11 Systeme.

Evolution

Evolution ist die Entwicklung neuer Lebensformen aus existenten Organismen. Die Fossilien, welche in diesem Buch beschrieben und abgebildet sind, zeugen für die vielen tausend kleinen Verwandlungsschritte, die über Millionen von Jahren stattgefunden haben. Bestimmte Abschnitte geologischer Zeit sind durch die Anwesenheit der entsprechenden Pflanzen- und Tiergruppen geprägt. In vielen Fällen ist es möglich, die Abstammungsverhältnisse unter diesen Tieren und Pflanzen herauszufinden.

Im Präkambrium bleibt die Mehrzahl der Lebewesen anfänglich auf einzellige Pflanzen und Bakterien beschränkt. Vor annähernd 2000 Millionen Jahren erschien das erste einzellige Tier, das erste vielzellige rund 1000 Millionen Jahre später. Tiere mit gallertartig weichem Körper, wie der von Quallen, und primitive Hydrozoen (Verwandte der Seeanemonen) waren vor 700 Millionen Jahren weltweit verbreitet. Tiere mit harten Skeletteilen markieren den Beginn des Kambriums, und allmählich folgte die mannigfaltige Gruppe der Invertebraten, Vertebraten, und höhere Pflanzen kamen hinzu. Ihr Erscheinen deutet auf eine ständig zunehmende Komplexität, die schließlich mit dem Erscheinen des Menschen (Homo sapiens) ihren Höhepunkt erreicht.

Der Paläontologe kann die Veränderungen von Größe und Gestalt an verwandten Fossilien studieren. Er erkennt primitive Schalen- oder Skelettmerkmale und kann ihre Weiterentwicklung aufzeichnen. Nur die am besten angepaßten Tiere und Pflanzen werden überleben.

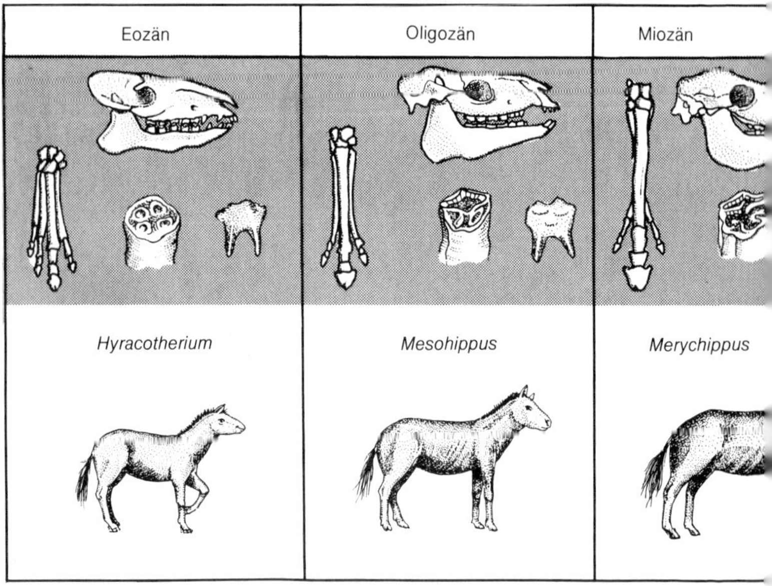

Vielfältige Eigenschaften befähigen ein Tier oder eine Pflanze zu überleben, während seine Zeitgenossen zugrunde gehen. Die charakteristischen Merkmale jeder Pflanze und jeden Tieres werden von den Biologen **Gene** genannt. Sie werden von Erbe zu Erbe bis zu den erfolgreichen Generationen weitergegeben. Als chemischer Code sind sie wichtig bei der natürlichen Reproduktion von Proteinen. Die Abwandlungen der Proteine führen zu Varianten innerhalb einer Art. Der Einfluß dieses chemischen Wechsels spiegelt innerhalb einer Fossilfolge verschiedene Eigenschaften wider, z.B. die Länge oder die Form eines Zahnes, oder die Anzahl der Kammern in einem Gehäuse.
Mit der Auswertung von Fossilsammlungen können wir die Evolutionsrichtung einer bestimmten Art oder einer Artengruppe herausfinden. Die Entwicklung neuer Zweige aus den Populationen der Vorfahren, aber auch absteigende Linien lassen sich aufzeichnen. Gut überliefert ist die Evolution des modernen Pferdes vom terriergroßen *Eohippus (Hyracotherium)* aus dem Eozän. Sie umfaßt Veränderungen der Zähne, Verlängerung von Kopf und Hals, eine Verstärkung der Gliedmaßen und eine Zurückentwicklung von mehreren Zehen zu einem Huf. Das Pferd nahm allmählich an Größe zu und wurde vom Bewohner des lichten Waldes zu einem grasfressenden Präriebewohner. In Nordamerika sind Funde aus eozänen, oligozänen, miozänen und pliozänen Sedimenten in Dakota, Nebraska und Nachbarstaaten dokumentiert. Eher unvollständig sind dagegen die Überlieferungen aus Europa und Asien, jedoch stammen die Reste des ältesten Pferdes aus der Formation des London Clay in England. Jüngere Funde wurden in Messel bei Darmstadt und im Geiseltal bei Merseburg gemacht.

Die Evolution des Pferdes kann mit der Entwicklung des Gebisses (u. a. die Form der Zahnkronen), der Fußknochen und der Körpergröße aufgezeigt werden.

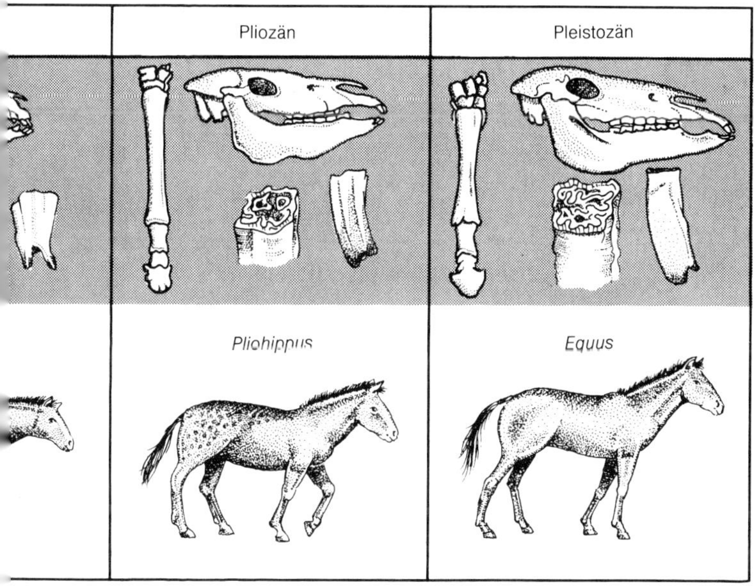

Sedimentgesteine erkennen

Fossilien sind gewöhnlich an **Sedimentgesteine** gebunden. Diese Gesteine entstehen durch Verwitterung und chemische Prozesse. Beobachten lassen sich solche Vorgänge am Fuß eines steilen Berghanges, an der Küste, in heißen Klimaten oder in Seen, die an Meere oder Ozeane grenzen. Gletschereis schleift die Felsoberfläche ab und erzeugt **Gesteinsmehl.** Frost hilft bei der mechanischen Zerstörung, denn Wasser, das in Fugen und Spalten gefriert, sprengt das Gestein. Die so entstandenen kantigen Gesteinsbruchstücke sammeln sich zu Geröllhalden im Gebirge. Eine weitere Zerkleinerung erfolgt durch intensive Sonneneinstrahlung (wie in der Wüste) im Wechsel mit rascher Abkühlung. Die Brandung an der Küste erzeugt Gesteine mit besser gerundeten Komponenten. Das Maß der Kornrundung gibt Auskunft über die Transportweite, und die Geologen bewerten einen Sandstein bezüglich der einheitlichen Kornrundung mit einem entsprechenden Reifegrad.
Gesteine, zusammengesetzt aus Steinen, mineralischen und fossilen Partikeln werden als **klastische Gesteine** bezeichnet. Die Sedimentologen unterscheiden nach der Korngröße drei Hauptgruppen: Es sind die **Pelite** (Tongesteine), **Sandsteine** und die groberkörnigen **Breccien** und **Konglomerate.** Die **nichtklastischen** unter den Sedimentgesteinen werden durch die Ausfällung gelöster Minerale und/oder die Akkumulation von pflanzlichen oder tierischen Resten gebildet. Dazu gehören die Kalksteine und Evaporite. Sie werden nach ihrer chemischen Zusammensetzung, der Art ihrer Entstehung und ihrer Struktur eingeteilt.

Klastische Gesteine

PELITE. Von den klastischen Gesteinen sind dies die feinkörnigsten. Die einzelnen Körner sind für das bloße Auge unsichtbar. Sie sind gewöhnlich kleiner als 0,0625 mm. Die Hauptgemengteile sind Tonmineralien, Quarz, Feldspat, Glimmer und Calcit. Diese feinkörnigen Gesteine werden auch als **tonig** bezeichnet.

Ton ist, mit Körnern kleiner als 0,004 mm, das feinkörnigste Sediment der Pelite. Er hat eine dickplattige Struktur. Wenn Ton kompaktiert wird und Wasser verliert, entsteht Tonstein. Schlamm und Ton beherbergen oft eine reiche Fauna mit Mollusken, kleinen Korallen und Brachiopoden.
Schieferton entsteht durch eine weitere Kompaktion von Tonstein. Dabei orientieren sich die flachen Kristalle der Schichtsilikate, wie auch die Tonmineralien und der Glimmer, bevorzugt horizontal. So entsteht oft ein Glanz auf den Schichtflächen und eine blättrige Struktur. Bei höherem Anteil von feinkörnigem Quarz bildet der Schieferton dickere und härtere Schichten. Sie erinnern stark an Dachziegel oder Fliesen. Sehr dünn geschichtete Schiefertone zerblättern leicht und werden Papierschiefer genannt.

Silt- oder Schluffsteine enthalten Quarz, Feldspat, Glimmer und Calcit. Sie besitzen einen kleinen Tonanteil. Die Körner sind gewöhnlich größer als 0,004 mm. Unter den Fossilien dieser Sedimente findet man Brachiopoden und Muscheln.

Der Kalkgehalt von Schluffsteinen und Schiefertonen läßt sich einfach prüfen, indem man Essig oder verdünnte Salzsäure auf das Gestein tropfen läßt. Bei Aufschäumen ist Kalk vorhanden. Ein Tonstein mit kalkigem Bindemittel wird auch als **Mergel** bezeichnet. Hier sind alle Übergänge vom Ton bis zum Kalk möglich. Je härter der Mergel, umso mehr Kalk enthält er. Der Begriff Tonstein wird von Geologen ebenfalls oft für ein sehr feinkörniges Gestein verwendet, bei dem die Körner durch ein Bindemittel zementiert sind und das deshalb bei Wasserzutritt nicht plastisch (verformbar und weich) wird.
Feinkörnige Sedimente zeigen ruhige Ablagerungsbedingungen an. Das Auftreten von Pyrit zeigt, daß Sauerstoff und Bakterien nicht vorhanden sind. Geringe Wasserbewegung und wenig Agenzien der Zersetzung erhöhen die Chance für gut erhaltenes Fossilmaterial, so z.B. bei feinkörnigen Sedimenten und speziell schwarzen Schiefertonen mit Organismen, die im offenen Meer treiben oder schwimmen. Das Bodenleben stellt jedoch unter den sauerstoffarmen Verhältnissen nur wenige Vertreter. Goniatiten, dünnschalige Muscheln und die passiv treibenden Graptolithen sind die gängigen Fossilien der schwarzen paläozoischen Tonschiefer.

SANDSTEINE. Im Gegensatz zu den feinkörnigen Peliten kann die Zusammensetzung der vielfältigen Sandsteine sehr gut mit der Lupe bestimmt werden. Die Einzelkörner können von kantig bis gut gerundet variieren. Der Kornrundungsgrad ist ein Maß für die strukturelle Reife. Quarz, Feldspat und Gesteinsbruchstückchen sind seine drei Hauptbestandteile. Quarz ist härter und stabiler als Feldspat und wird daher mehr als ein oder zwei Verwitterungs-, Erosions- oder Umlagerungszyklen überstehen. Feldspat wird relativ schnell zerstört und zerfällt zu Ton. Die Gesteinsbruchstückchen sind unvollständig zerkleinerte Materialien der Herkunftsgebiete. Sie werden allmählich in ihre Komponenten zerfallen.

QUARZSANDSTEINE. Unter den reifen Sedimenten finden sich häufig Sandsteine mit gut gerundeten Quarzkörnern. Übersteigt der Anteil der Quarzkörner 85% des Gesteins, so spricht man von Quarzsandstein. Kommt ein starkes, möglicherweise kieseliges Bindemittel hinzu, so stellt man ihn zu den Quarziten. Wenn der Anteil der Gesteinsbruchstückchen sichtbar hervortritt, wird das Gestein als Grauwacke bezeichnet. Quarzgrauwacken haben einen geringeren Anteil an Feldspäten als Grauwacken. Quarzsande sind oft porös. Deshalb sind die enthaltenen Fossilien meist aufgelöst und haben Abgüsse und Abdrükke hinterlassen. Vertikale Wohnbauten, Holzstücke und Muschelfaunen sind gewöhnlich in solchen Sandsteinen vertreten.

ARKOSE. Bei einem deutlich höheren Feldspatanteil (bis zu 25%, jedoch immer noch wesentlich weniger als der Quarzanteil) wird Sandstein so bezeichnet. Die Matrix bleibt unter 15%.

Weiterhin werden Sandsteine nach einem charakteristischem Mineralanteil klassifiziert. Glaukonit, Glimmer oder Phosphorit beschreiben Sandsteine und deuten auf einen entsprechenden Ablagerungsraum. Als Bindemittel kommen Ton und Mineralien wie Calciumkarbonat, Kieselsäure oder Eisen vor. Eisensandstein, kalkiger Sandstein, kieseliger Sandstein oder toniger Sandstein sind Bezeichnungen, die sich auf das Bindemittel beziehen. Kalksandsteine sind in frischem Zustand oft kaum als solche zu erkennen, da sich die Körner in der Matrix verbergen.

Die Korngröße in Sandsteinen reicht von 0,0625 mm bis 2 mm. Die Farbe eines Sandsteins, die von den Mineralkomponenten oder vom Bindemittel hervorgerufen wird, kann kennzeichnend, muß aber nicht unbedingt entscheidend für den Ablagerungsraum sein. Rote Sandsteine sind oft durch oxidiertes Eisen gefärbt, und die mächtigen rotfleckigen Abfolgen der Permo-Trias werden zu den terrestrischen Sedimenten gestellt. Sandsteine sind entweder an Land, in Flüssen, Deltas oder flachen Meeren entstanden. In terrestrischen Sandsteinen sind Pflanzenreste zu erwarten, während die im Wasser abgelagerten reichlich Spuren- und Körperfossilien enthalten. In den meisten Büchern werden Sandsteine zur Gruppe der **psammitischen Gesteine** gezählt.

KONGLOMERATE UND BRECCIEN. Die Gerölle dieser grobkörnigen Gesteine sind gewöhnlich größer als 2 mm. Bei den Konglomeraten sind sie gerundet, bei den Breccien eckig. Auch hier ist der Rundungsgrad ein Maß für die strukturelle Reife. Konglomerate können nach der Art ihrer Gerölle eingeteilt werden. Sie sind oft an die Umgebung von Flüssen, Seen und Küsten gebunden. An ihren kantigen Komponenten erkennt man den kurzen Transportweg der Breccien. Schutthalden an Berghängen sind anschauliche Beispiele für rezente Breccien. Fossilien werden selten in Konglomeraten und noch seltener in Breccien gefunden. Gesteine dieser Korngröße werden auch **Psephite** genannt.

Chemische und biogene Sedimente

Diese Gruppe umfaßt eine große Anzahl von Gesteinen, die durch die Ausfällung von Mineralien oder durch organische Substanzen aufgebaut wurden. Für den Paläontologen sind die Kalksteine und die Korallenriffe am wichtigsten.

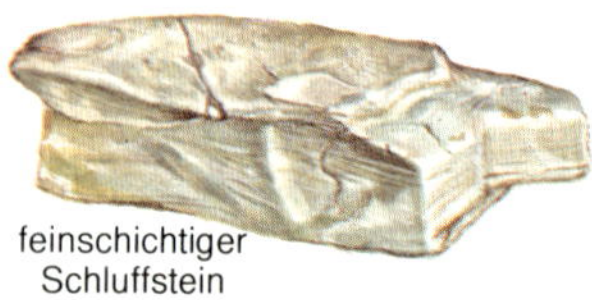
feinschichtiger Schluffstein

Tonstein mit Calzitbänder

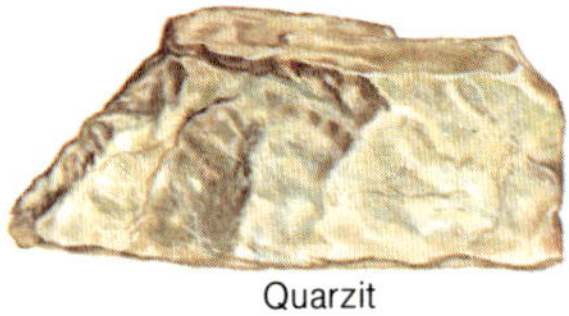
Quarzit

mittelkörniger Sandstein

grobkörniger Sandstein mit Wellenrippel

Hornsteinknolle

KALKSTEINE. In Kalksteinen übersteigt der Gehalt an Calciumkarbonat alle anderen Komponenten. Calcit ist das häufigste Mineral. Er kommt in sehr kleinen Kristallen oder sonst in den Skeletten und Schalen von wirbellosen Tieren vor.

Von den drei gebräuchlichsten Gliederungssystemen wendet man im Gelände die einfachste, die die Bestimmung von Komponenten und **Matrix** kombiniert, an. Bei einer feinen, schlammähnlichen Matrix spricht man von **Mikrit.** Der Calcit liegt hier in mikrokristalliner Form vor. Mikrit oder mikrokristalliner Calcit ist vermutlich für den Zerfall der Außenskelette von Kalkalgen verantwortlich. Sind verschiedene Bereiche des Kalksteins mit gröber kristallinem Calcit ausgefüllt und ist wenig oder gar kein Mikrit vorhanden, so wird das Gestein *Sparit* genannt.

Enthalten die Reste von Tieren und Pflanzen Mikrit oder Sparit, so bezeichnet man dies als **Biomikrit** oder **Biosparit. Ooide** sind kleine, schalig aufgebaute Kügelchen, die durch die Abscheidung von Karbonaten um ein organisches oder anorganisches Fremdteilchen entstanden sind. Der Zerstörungsgrad der Fossilien ist ein Maß für die Wasserbewegung zur Zeit der Ablagerung. Zerstörte Reste zeugen von einem höheren Energieniveau als bei vollständig erhaltenen Fundstücken. Organische Fragmente nennt man **Bioklasten.**

Mikrofossilien der Foraminiferen sind die üblichen Bestandteile fein- und grobkörniger Karbonatgesteine. Diese Kleinstfossilien lebten gewöhnlich planktonisch. Ihre winzigen Skelette setzten sich auf dem Meeresboden ab und bildeten eine Art Schlamm. Andere Mikroorganismen, einschließlich Pflanzen wie Diatomeen und Kokkolithophoriden, bildeten ebenfalls Tiefwassersedimente. Die weiße Schreibkreide Nord-Europas ist ein berühmtes Beispiel. Wesentlich mitgewirkt an der Bildung der Kalksteine haben auch die Schalen der größeren Foraminiferen. Verschiedene Familien dominieren in bestimmten geologischen

Sedimente werden nach Korngröße, Mineralzusammensetzung und Gefüge eingeteilt.

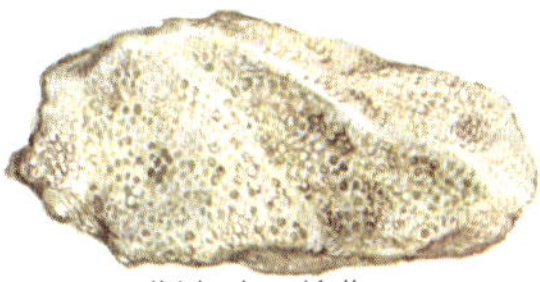

oolithischer Kalk

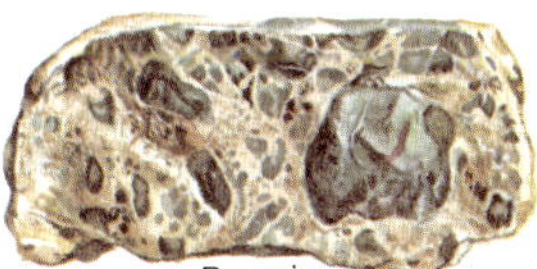

Breccie

Konglomerat

Schalenkalk

poröser Kalk

sparitischer, bioklastischer Kalk (Schalentrümmerkalk)

Zeitabschnitten. So ist z.B. *Nummulites* mit seinem vielkammerigen münzenähnlichen Gehäuse für die mediterranen Kalke des Tertiärs charakteristisch. Groß-Foraminiferen sind meist ein Anzeichen für Flachwasserbedingungen.
Algen, wie die schon erwähnten Kokkolithophoriden, waren schon vor Milliarden von Jahren wichtige Gesteinsbildner. **Stromatolithen** aus dem Präkambrium und frühen Paläozoikum, schalig und mit kuppelartigen Strukturen wurden von Algen gebildet, als diese auf ihrer klebrigen Oberfläche Sedimentkörner festhielten. Im Flachwasser entstanden auf diese Weise asymmetrische oder konzentrische Strukturen, sogenannte **Onkolithen.** Beide, Onkolithen und Stromatolithen, sind Großstrukturen wie auch das Netzwerk, das von Kalkalgen in Riffen erzeugt wird. Andere Algen, die durch Wellenschlag zerfallen sind, haben einen hohen Anteil feiner Partikel in den marinen Raum gebracht.
Korallen sind die wesentlichen Bestandteile der Kalke aus dem Paläozoikum, Mesozoikum und Känozoikum. Sie sind meist mit Algen und Bryozoen als Riffbildner vergesellschaftet. Hinzu kommen viele andere Organismen, die durch Bohren oder Überkrusten am Gefüge dieses Bauwerks beteiligt sind. Auch **Rudisten** und **Archaeozyathiden** haben Riffe gebildet. Anhäufungen von Gastropoden, Bivalvien und Brachiopoden sind in fossiler Überlieferung nichts Ungewöhnliches. Die Begriffe Schalenkalk und Schalentrümmerkalk beschreiben Kalke, die reich an diesen Fossilien oder deren Bruchstücke sind.
Anhäufungen von Schalen oder Schalenbruchstücken werden als **Lumachelle** oder **Schillbank** bezeichnet. Brachiopoden sind in paläozoischen Kalken verbreitet, während in mesozoischen und känozoischen Kalken die Bivalvien und Gastropoden hervortreten. Weitere Organismen aus dem Bereich der karbonatischen Sedimente sind Würmer und Echinodermen.

EVAPORITE, PHOSPHATGESTEINE UND KONKRETIONEN. Evaporite sind hauptsächlich chemische Gesteine, die durch Sättigung und Verdunstung von Salzlösungen entstanden sind. Eine Ausfällung erfolgte in Form von knotenförmigen Konkretionen oder als großflächige Ablagerungen. **Steinsalz** oder **Halit** ist ein typisches Evaporit, das durch die Verdunstung von Salzwasser in Seen, Lagunen oder Flachmeeren entstand. Gips bildet sich oft als Konkretion in tonigen Gesteinsfolgen und wird dem Ablagerungsraum der **Sebkha** zugeordnet. Algen und Gastropoden sind am ehesten mit diesen Ablagerungen verbunden.
Die meisten Phosphatgesteine entstehen im Randbereich des Kontinentalschelfs. Das Gestein ist oft knollig, und die organischen Materialien sind nicht selten durch Phosphatmineralien ersetzt. Dieser Ablagerungsraum war reich an mikroskopisch kleinem Pflanzenmaterial. Deshalb bestand hier die Fauna aus Fischen und großen fischfressenden Tieren. Phosphatgesteine sind oft reich an Vertebratenresten und Spurenfossilien.

Sedimentäre Bildungsräume

Es wird oft gesagt, daß der beste Geologe derjenige sei, der die meisten Gesteine gesehen hat. Das stimmt nur zum Teil, aber tiefe Kenntnisse über mannigfaltige Sedimentgesteine, ihr Gefüge, besondere Strukturen und Fossilien, sind von großer Wichtigkeit bei der Interpretation des Milieus, in dem das Sediment zur Ablagerung kam. Die Kornrundung, die Größe der Einzelkörner, die Vielzahl der Minerale und Gesteinsbruchstückchen und die Art der Matrix, all diese Informationen gibt das Gestein selbst preis. Sedimentstrukturen, die während der Ablagerung entstanden sind, geben Auskunft über das Verhalten der einzelnen Körner und ihren Transportweg. In normalen Schichtfolgen von Sedimentgesteinen kann man Bänke verschiedener Mächtigkeit erkennen. Diese wurden auf dem Grund eines Sees oder im Meer abgelagert. Jeder Bank entspricht die Akkumulation von Sediment über eine gewisse Zeitspanne. Sie wird gewöhnlich an der Basis und am Top durch horizontale Flächen begrenzt. Diese **Schichtflächen** stellen jeweils eine Oberfläche der Ablagerungen dar.
Einige Schichtflächen werden durch das reichliche Auftreten von Spuren- und Körperfossilien auffallen. Außerdem verlaufen nicht alle Flächen in Sedimentgesteinen horizontal. Bilden sich Wellenrippel in Sanden oder karbonadischen Sanden, so bewegen sich die Einzelkörner über den Wellenkamm hinweg und rollen hinab in den anschließenden Trog. Das gleiche gilt für Dünen an Land oder im flachen Wasser. Betrachtet man die Wellenrippel oder Dünen im

Schwankungen der Strömungsintensität und Transportrichtung beeinflussen die in Suspension befindlichen Partikel. Ihre Reaktion spiegelt sich in den Sedimentstrukturen wider, die sich während der Ablagerung bilden.

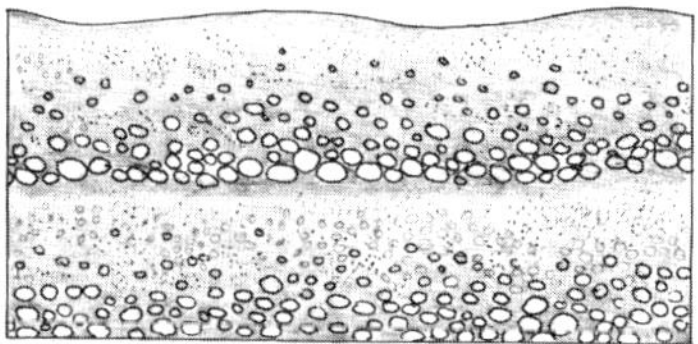

gradierte Schichtung

Schrägschichtung in fossilen Sanddünen

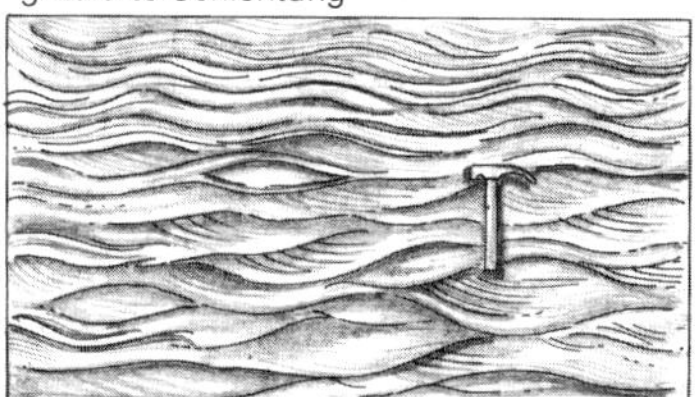

Rippelschichtung in Alluvionen

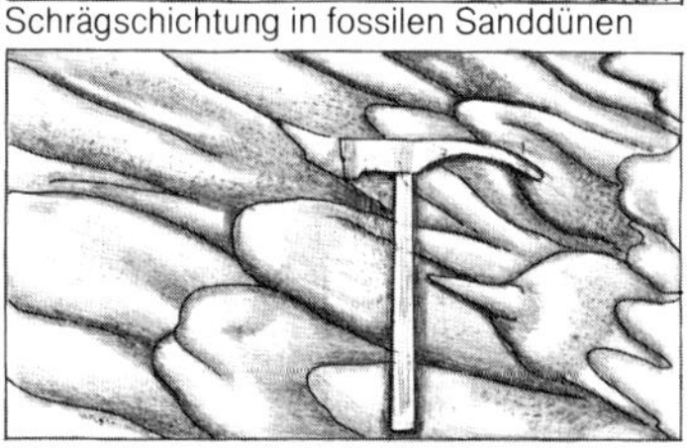

Fließwülste an der Basis eines Sandsteins

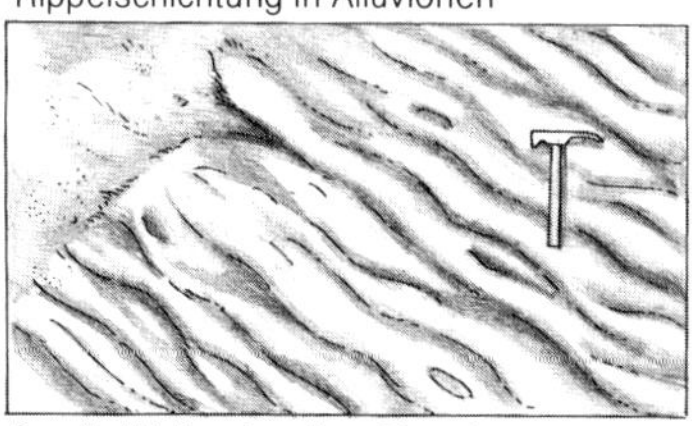

fossile Wellenrippel am Top eines Schluffsteins

Schnitt, so zeigen sich im Inneren die Sedimentlagen schräg zur Horizontalen. Diese Erscheinung nennt man **Schrägschichtung** oder **Kreuzschichtung,** seltener auch **Diagonalschichtung.** Größe und geometrische Anordnung der Schrägschichtung sind wichtig zur Bestimmung der Energieverhältnisse und der Transportrichtung. Eine Schichtfolge aus Sanden mit Rippelmarken und dünnen Tonlagen deutet auf die Verhältnisse in einem Watt. Die großen Schrägschichtungskörper in permischen Sandsteinen der Kreuznacher Schichten bei Bad Kreuznach in der Pfalz sind bei **äolischem** Transport entstanden. Vom Wind verblasener Sand erzeugt diese Art von Dünenformen, wie sie für Wüstenbereiche typisch sind.

Schrumpfungsrisse und **Regentropfenmarken** in feinkörnigen Sedimenten sind Anzeichen für den Rückzug des Wassers und anschließendes Trockenfallen. Gletschermühlen und kavernöse Bereiche in Kalksteinbänken sind weitere Indizien dafür, daß Gesteine entblößt und der Verwitterung ausgesetzt waren. Die jüngste Erforschung einer Unterwasserhöhle bei Blaubeuren am Südrand der Schwäbischen Alb unterstützt die Vermutung, daß der verkarstete Jurakalk noch von tertiären Sedimenten des oberschwäbischen Molassebeckens überlagert wird. In diesem Fall spricht man von **Paläokarst.** Schrumpfungsrisse treten jedoch im Sandsteinkeuper von Südwestdeutschland öfter in Form von Netzleisten an der Basis von Sandsteinbänken auf. Die betroffenen Schichtflächen zeigen in bezug auf die stratigraphische Überlieferung eine Schichtlücke an. Man nennt sie **Diskordanz.**

Kontinentale Bildungsräume

Sanddünen, Trockenrisse, Regentropfenmarken und Paläokarst sind Anzeichen für terrestrische Verhältnisse. Meistens entstehen hier klastische Gesteine. Schluffe, Sande, Konglomerate und Breccien sind die wichtigsten Gesteinstypen.

WÜSTENGEBIETE. Hierher gehören die ariden Regionen der subtropischen Zone. Sandsteine und Konglomerate sind bei Sturzfluten entstanden, während in zeitweise mit Wasser gefüllten Salztonebenen Schluffe abgelagert werden. Fossilfunde sind selten in diesen typischen Sedimenten, jedoch gehören die Dinosaurier nordamerikanischer Schichten aus der Kreidezeit, der fossile Wald und die nordafrikanischen Dinosaurier dazu.

FLUSSABLAGERUNGEN. Sedimente aus diesem Bildungsraum variieren vom Pelit bis zum groben Konglomerat. Die entsprechenden Gesteinstypen werden zusammen mit anderen auf den Seiten 28/29 schematisch zusammengefaßt.
Pflanzen- und Spurenfossilien findet man häufig. Invertebraten und Vertebraten sind jedoch selten.

DELTAABLAGERUNGEN. Charakteristisch für diese Ablagerungen vor Flußmündungen sind die mächtigen, durch das plötzliche Abbremsen der Strömung entstandenen Sedimentakkumulationen. Während sich die Suspension auf dem Grund des Sees oder Meeres absetzt, bildet der Rest der Sedimentfracht die lappige Deltaform oder die Vogelfußform. Kreuzschichtung ist weit verbreitet. Der Grenzbereich wird meist dicht von Pflanzen besiedelt, und

Pflanzenfragmente sind ein häufiges Merkmal von Deltasanden und -schluffen. Die Deltasedimente der Kohlelagerstätten aus der Karbonzeit sind berühmt für ihre Pflanzenfossilien. Gewöhnlich finden sich darin nichtmarine Muscheln und marine Cephalopoden. Ein Beweis, daß sich Süßwasser- und Meerwasserverhältnisse abwechselten.

SEE- UND MOORBILDUNGEN. Finden sich oft im Bereich der Deltagebiete. Ebenso können sie aber im Tiefland rund um Seen oder in Grabenbruchzonen auftreten. See- oder limnische Sedimente werden durch Wechsel von Sandsteinen, feinen Schluffen und Tonen charakterisiert. Wie auch die Delta- und Wüstensedimente bilden diese Ablagerungen mit ihrer typischen Schichtfolge eine sogenannte Fazies. Die Gruppe der limnischen Sedimente, oder die limnische Fazies, kann Invertebraten, Vertebraten und Pflanzenfossilien enthalten. In den Seesedimenten der Grabenzone von Kenia wurden durch die Reste vieler Säugetiere, einschließlich des frühen Menschen, Zeugnisse unserer eigenen Evolution überliefert. In feinkörnigen Morasten und sumpfigen Sedimenten sind die Fossilien im allgemeinen sehr gut erhalten.

Marine Bildungsräume

Eine gedachte Linie von den Sanddünen hinter dem Strand zum Meer, bis in die Mitte des Ozeans, durchläuft verschiedene Ablagerungsräume. Dazu gehören der hochenergetische Strandbereich, Lagunen, der Kontinentalschelf und das Ozeanbecken.
Das Gelände über der Hochwasserlinie wechselt vom Felsenkliff über Sanddünen bis zum Küstensumpfgebiet. Es ist der Bereich hinter dem Strand. Er wird als **Supralitoral** bezeichnet. Ob vom Wind verblasene Sande oder Felstrümmer, sie geben in fossiler Überlieferung Anhaltspunkte für diesen Bildungsraum. Gewöhnlich sind es Spurenfossilien mit vertikalen Wohnbauten oder Bohrlöchern, die zeigen, daß die Tiere hier schutzbedürftig waren.

DER STRANDBEREICH. Der Strandbereich wird oft von langgestreckten Kies- oder Sandflächen gebildet. Die starke Wellentätigkeit in diesem Gebiet bewirkt eine gute Rundung der Sedimentkörner. Die mineralische Zusammensetzung hängt vom erodierten Material ab. Auf den Bahamas oder entlang der kenianischen Küste finden wir kalkige Sande, deren Körner aus Fragmenten von Muschelschalen bestehen. Die Zone zwischen Hoch- und Niedrigwasserstand wird als **Litoralbereich** bezeichnet. In vielen Gebieten ist der Strand aber von Sediment entblößt, weil der Untergrund ein Hartsubstrat darstellt. Hier siedeln Seetang und viele Invertebraten, die sich auf der Felsoberfläche festheften oder kleine Wohnbauten bohren. In weichem, mobilen Sand können sich Pflanzen nur schwer verankern. Hersteller von Wohnbauten dominieren hier unter den Tieren. In stratigraphischer Überlieferung bezeugt die durchwühlte Oberfläche des Kohlenkalks bei Vallis Vale in den Mendip Hills Englands vom Übergriff des Jurameeres auf eine freigelegte Oberfläche.
Bei Thionville sur Opton im Pariser Becken enthält eine Schichtfolge von Strandschottern und Sanden reichlich Wohnbauten. Noch heute kann man Löcher von Bohrmuscheln aus der Tertiärzeit an einem fossilen Kliff am Südrand der Schwäbischen Alb besichtigen.

LAGUNEN UND ABGETRENNTE BUCHTEN. Im Gegensatz zum Strand handelt es sich hierbei um Bereiche mit schwacher Wasserbewegung hinter Riffen und Sandbänken. Das Sediment läßt noch Rückschlüsse auf die Ausgangsmaterialien zu, doch sind es gewöhnlich feinkörnige Sande oder Tone. In warmen tropischen Gebieten kommt viel Material abgestorbener Algen hinzu. Anderswo bestehen die Tone vollständig aus Kotpillen. Beispiele von lagunären Kalken sind der oberjurassische Kalk der Dorsetküste in England und der Lowville-Kalk in New York. Bekannt sind die oberjurassischen Solnhofener Plattenkalke, die als Lagunenbildungen innerhalb von Riffkomplexen entstanden sind.

SCHELFABLAGERUNGEN. Der Kontinentalschelf erstreckt sich vom Strand bis zur ungefähr 320 km entfernten Schelfkante. Man unterscheidet sanft abwärts führende und steil abfallende Schelfhänge. Der Faziesbereich des Kontinentalschelfs kann in verschieden breite Zonen untergliedert werden. Offensichtlich hat die Wellentätigkeit einen Einfluß auf die Korngröße, während das Zusammenwirken von Licht, Temperatur, Nahrungsangebot, Wassertiefe, Strömung und Sedimenttyp die räumliche Verteilung der Organismen steuert. Sandsteine, klastische Kalksteine und Kalkarenite sind typisch für den flachen Schelfbereich. Sie sind gewöhnlich reich an Fossilien. Muscheln, Gastropoden, Brachiopoden, Seeigel und schräg und horizontal verlaufende Spurenfossilien sind die gängigsten Formen.

RIFFE Riffe sind gewöhnlich an den warmen Bildungsraum des flachen Schelfs gebunden. Sie werden aus dem Zusammenwirken unzähliger Lebensformen gebildet. Algen, Korallen und Bryozoen sind die wichtigsten Riffbildner. In geologischer Vergangenheit haben Archaeocyathiden, Stromatoporiden und Rudisten weltweit eine bedeutende Rolle als Riffbildner gespielt. Unabhängig vom Aufbau des eigentlichen Riffgerüsts sind Organismen wie Würmer, Brachiopoden, Muscheln, Echinodermen und Crustaceen am Riffbiotop beteiligt und in der Riffstruktur eingebettet.
Durch Prüfen der Beziehung zwischen Pflanzen und Tieren, und den entsprechenden Sedimenten, ist es möglich, zwischen dem ruckwartigen Bereich, dem Riffkamm und dem Bereich vor dem Riff zu unterscheiden.

BACK REEF Der Hang hinter dem Riff ist mit Riffschutt übersät und ver-

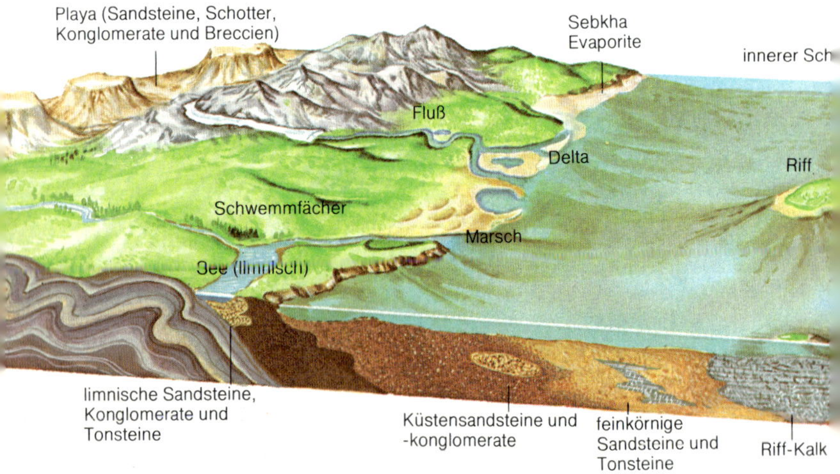

zahnt sich küstenwärts mit Tonsteinen aus der Lagune, die mit Kotpillen und Foraminiferen angereichert sind.

RIFFTERRASSE UND RIFFKAMM bestehen aus einem massiven, kalkig inkrustierten Sockel, der an seiner Oberfläche ein reiches Leben von festgehefteten und beweglichen Organismen trägt.

RIFFRONT Der luvseitige Hang ist oft mit vertikalen Stufen versehen. Eine stattliche Anzahl von Korallen, Algen und Bryozoen schmücken das warme, sauerstoffreiche Wasser der modernen Riffe. Fische und viele Invertebraten gedeihen in diesem Biotop. Eine Schutthalde bildet den Hang vor dem Riffrand. Gute Beispiele fossiler Riffe sind die Schwammriffe in Jurakalken der Schwäbischen Alb und die devonischen Riffkalke von Brilon und Warstein im Rheinischen Schiefergebirge.
Auch jenseits der Riffe und des inneren Kontinentalschelfs gibt es noch Kalksteine. Sogar im tieferen Wasser des äußeren Schelfs treten noch Karbonatbildungen auf.

KONTINENTALRAND. Dieser Bereich wird von klastischen und karbonatischen Ablagerungen bestimmt. Erdbeben lösen am Kontinentalabhang gelegentlich Rutschungen aus, so daß diese Materialien in die Tiefe abgleiten. Die einzelnen Rutschmassen weisen starke Sortierungsunterschiede auf. **Turbidite** sind Ablagerungen, die durch Trübeströme entstanden sind. Sie sind regelmäßig geschichtet und zyklisch sortiert; sie zeigen gradierte Schichtung. Abgleitende Steine und Felstrümmer bilden brecciöse Sedimente. In vielen Turbiditen kommen Fossilien vor. Gewöhnlich sind es Spurenfossilien wie z. B. in den Flysch-Sedimenten der Alpen.

TIEFSEEBECKEN. Die feinkörnigen Sedimente des Ozeanbeckens werden oft von verstürztem Material des Schelfrandes überlagert und vermischt. Tiefseesedimente enthalten wenig Sandkörner. Sie bestehen gewöhnlich aus Ton, Schlamm oder Schlick. Letztere werden zum größten Teil von Mikroorganismen, den Diatomeen (Algen), Globigerinen (Foraminiferen) und den Radiolarien (Strahlentierchen) gebildet. Auch hier treten in entsprechend sauer-

Typische Abfolgen von Sedimentgestein und -strukturen charakterisieren die sedimentären Ablagerungsräume.

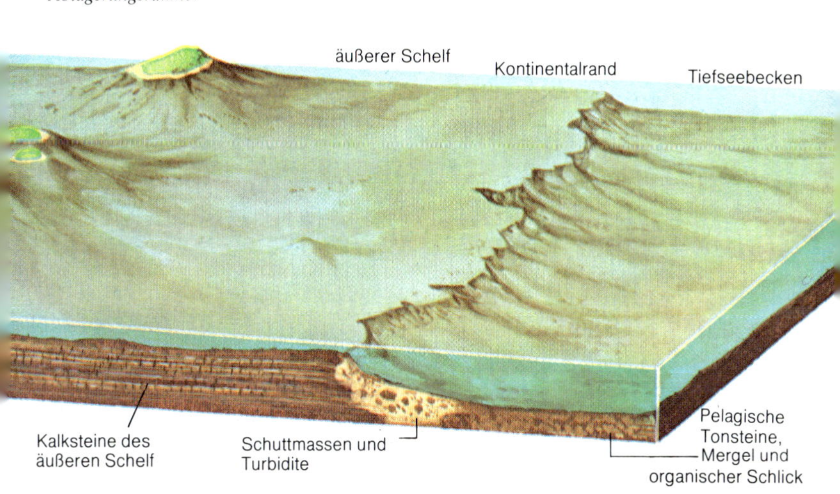

stoffreichen Ablagerungen Spurenfossilien auf. Die Körperfossilien der Tiefsee sind oft schön pyritisiert. Entsprechend den Sedimenttypen wechseln auch die Fossiltypen. Die Schreibkreide von Nordeuropa ist ein Beispiel für ein pelagisches Sediment aus der Kreidezeit. Weitere Beispiele für Tiefseesedimente sind die altpaläozoischen schwarzen Schiefer, tonigen Kalksteine und Kieselschiefer aus den Appalachen in Nordamerika.
Während die Ablagerungen von Lagunen, Schelf und Tiefseebecken jeweils für ihren Bildungsraum typisch sind, gibt es Sedimente, die nur ein kurzes Ereignis belegen. So wird z. B. ein Sturm eine relativ dünne Ablagerung über mehrere verschiedene Bildungsräume ausbreiten. Solch kurzzeitig auftretende Sturmsedimente nennt man **Tempestite.**

Kretazischer Kalk in Südengland.

Riff der Ober-Kreide in Tunesien.

Fossile Dünen bezeugen eine vergangene Wüste.

Der abgesunkene Meeresspiegel hat eine Küste freigelegt.

Links: Sanddünen, wie hier bei Kerkaz in Südalgerien, sind typisch für einen ariden Ablagerungsraum.

Fossilien sammeln

Soll die Geländearbeit effektiv sein, muß sie gut vorausgeplant sein. Zuerst kauft man sich eine Karte im Maßstab 1:50 000 oder besser noch 1:25 000. Beschreibungen über das Gebiet, seine Aufschlüsse und die zu erwartenden Fossilien werden in einer wissenschaftlichen Zeitschrift zu finden sein. Oft sind hier auch Koordinaten angegeben, um die Aufschlüsse genau zu lokalisieren. Führt Ihre Exkursion an die Küste, vergessen Sie nicht, die Gezeiten zu beachten. Auf Seite 7 finden Sie eine Liste der wichtigsten Ausrüstungsgegenstände.

Auffinden fossilreicher Schichten

Steinbrüche, felsige Aufschlüsse und steile Küstenlinien sind sowohl auf geologischen als auch auf topographischen Karten kenntlich gemacht. Aus vielen geologischen Karten geht auch hervor, welche Schichten fossilreich sind. Das erleichtert Ihre Planung. Haben Sie sich für ein bestimmtes Sammelgebiet entschieden und sind nun an Ort und Stelle, dann werden Sie sich fragen, wo man mit der Suche beginnt. Mancherorts kann das ein Problem sein; gewöhnlich gibt es aber Hinweise, die Ihnen weiterhelfen. Zunächst prüft man die Schichtlagerung: Ist sie in eine bestimmte Richtung geneigt oder horizontal? Farbunterschiede im Anlagerungsgefüge lassen die verschiedenen Schichtlagen erkennen. Die Grenzlinien dazwischen sind die Schichtflächen. Ist eine fossilreiche Schichtfläche aufgeschlossen, so besteht die beste Aussicht auf Funde. Oft sind die Fundstücke schon teilweise über die Gesteinsoberfläche herausgewittert und leicht zu bergen.

Sind die Schichtflächen schlecht zugänglich, versuchen Sie, den Fossilien an Bruchflächen oder Klüften näher zu kommen. Dies ist aber wesentlich schwieriger, weil die Stücke an unverwitterten Flächen meist noch vollständig eingebet-

Steilstehende Schichtflächen, wie in diesem Steinbruch, sind günstig für die Fossilsuche. Schützen Sie sich aber gegen herabfallende Steine.

tet sind. In harten Kalken findet man dann nur Bruchstücke. Man kann aber einen fossilreichen Horizont bis zu einer Stelle verfolgen, wo seine verwitterte Schichtfläche aufgeschlossen ist. Farbe, Mächtigkeit oder eine typische Verwitterungsstruktur einer Bank eignen sich, um einen Horizont über eine verschüttete Stelle hinweg oder zwischen zwei Aufschlüssen zu verfolgen. Geklüftete Bereiche in Kalkstein sind stark der Frostverwitterung ausgesetzt. Auf diese Weise finden sich dort auch reichlich Fossilien in der Schutthalde unter den Aufschlüssen (vgl. Seite 22). Das gleiche gilt auch für andere massige und geklüftete Sedimente im Gebirge.
Am Meeresufer sind weiche Gesteinsschichten oftmals ausgewaschen und verstürzt, so daß das Auffinden von Schichtflächen zu einer schwierigen Aufgabe werden kann. Oder aber die Fossilien sind in mächtigen Sedimentserien versteckt, und man braucht etwas Glück bei der Suche. An manchen Aufschlüssen ist es deshalb besser, unterhalb am Strand zu suchen, denn Fossilien, die aus dem Kliff herauswittern, werden im Spülsaum der Hochwasserlinie zusammengeschwemmt. Die Strandlinie eignet sich daher vorzüglich zum Fossiliensammeln. Auch kommt es vor, daß ein fossilreicher Horizont am Strand als Schichtfläche freigelegt ist. Auf dieser ausgedehnten Fläche wird die Suche erfolgreicher sein, als mit Hammer und Meißel an einem steilen Kliff. Aber auch in ungünstigem Gelände mit steilen Felswänden und verwaschenen Aufschlüssen wird in den meisten Sedimenten noch etwas zu finden sein. Suchen Sie nach Feinschichtung, Farbbänderungen und anderen charakteristischen Merkmalen. Damit läßt sich oft die Schichtung herausfinden, und sorgfältige Untersuchungen werden gut erhaltenes Material zutage bringen. Lassen sich die Schichtflächen einmal nicht finden und das Gestein ist schlecht geklüftet, sollten Sie die Suche abbrechen und dafür den Aufschluß im Feldbuch und mit Fotos dokumentieren. Niemand wird Sie auslachen, wenn Sie ohne Fundstück nach Hause kommen.

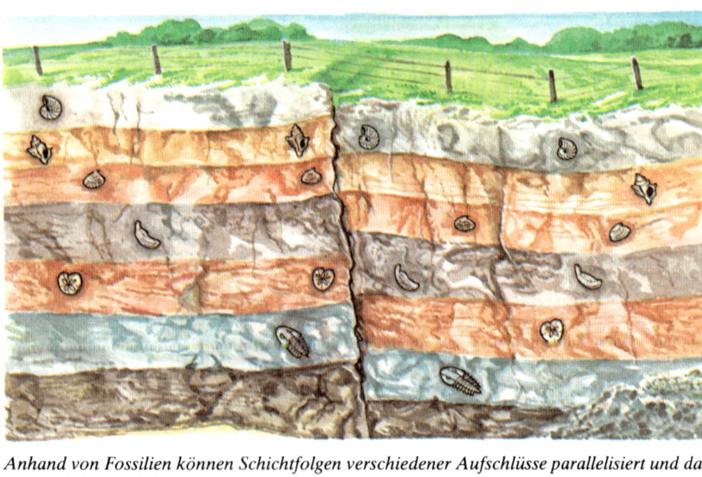

Anhand von Fossilien können Schichtfolgen verschiedener Aufschlüsse parallelisiert und das relative Alter der Schichten, in denen sie vorkommen, bestimmt werden.

Dokumentation

Um einen Überblick zu bekommen, betrachten Sie den Aufschluß aus einiger Entfernung. Machen Sie eine Skizze und beschreiben Sie kurz die Hauptmerkmale (später kann die Skizze schematisch erweitert und Details angefügt werden). Wenn das Gestein deutlich geschichtet ist oder Schrägschichtung auftritt, sollte das **Streichen** und **Fallen** (d. h. die Schichtlagerung) und die Schrägschichtung gemessen werden. Das Fallen ist der Winkel, mit dem die Schichtfläche von der Horizontalen abweicht (siehe unten). Das Streichen ist die Himmelsrichtung im rechten Winkel zur Fallinie. (Bei einem Hausdach entspricht der First dem Streichen und das Gefälle der Dachfläche dem Fallen.) Läßt man Wasser über eine geneigte Schichtfläche rinnen, folgt es der Fallinie. Will man einen Aufschluß genau lokalisieren, muß man **Peilungen** vornehmen. Visieren Sie mit dem Kompaß einen auffallenden Geländepunkt an und messen Sie den Winkel zur Nordrichtung. Wiederholen Sie das mit weiteren Geländepunkten, ungefähr 90° vom ersten entfernt. Jeder andere kann dann mit Hilfe Ihrer Messungen die Position exakt durch Addieren von 180° bestimmen und von den Geländepunkten Linien in dieser Richtung zeichnen.
Haben Sie die Fundstelle genau bestimmt und die Schichtlagerung gemessen, notieren Sie das Verhältnis der einzelnen Bänke oder Schichten zueinander.

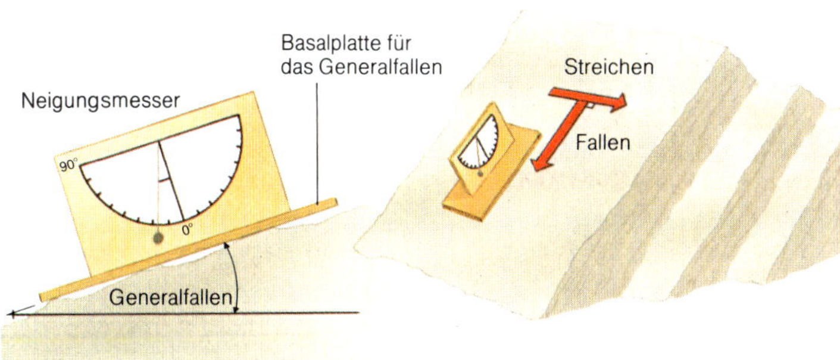

Auf einer ebenen Schichtfläche ist der größte meßbare Fallwinkel der Winkel des wahren Fallens. Die Streichrichtung verläuft dann im rechten Winkel dazu.

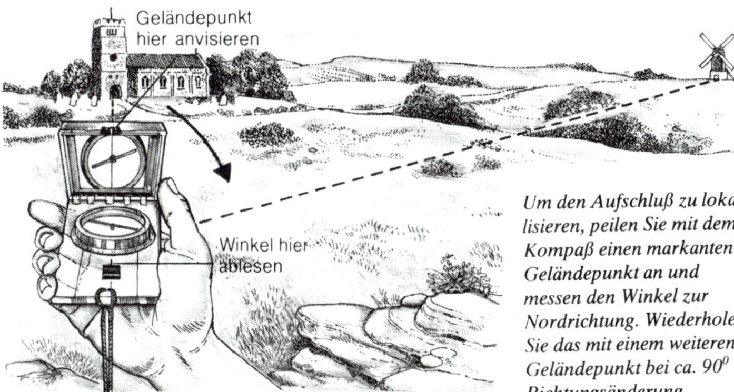

Um den Aufschluß zu lokalisieren, peilen Sie mit dem Kompaß einen markanten Geländepunkt an und messen den Winkel zur Nordrichtung. Wiederholen Sie das mit einem weiteren Geländepunkt bei ca. 90° Richtungsänderung.

Man beschreibt die Mächtigkeiten und die Beschaffenheit der Schichtflächen. Begriffe wie »dünnbankig« oder »massig gebankt« werden zum Beschreiben einer Schichtfolge benützt. Auch hier kann eine Skizze hilfreich sein, um die charakteristischen Eigenheiten eines Profils festzuhalten. Wenn diese Aufgabe erledigt ist, können Sie das Gestein und die Fossilien beschreiben. Verwenden Sie die erlernten Begriffe in wissenschaftlicher Weise: z. B. »feinkörniger, hautfarbener Kalkstein, enthält gerundete Gesteinsbruchstückchen und wenig kleine Bivalven«. Auf einer frischen Bruchfläche läßt sich vieles mehr mit einer Lupe erkennen.
Nach diesen wichtigen Arbeiten folgen nun weitere Aufzeichnungen beim eigentlichen Fossiliensammeln. Ist das Gestein sehr fossilreich, dann sollten Skizzen und Fotos der Einbettungsverhältnisse angefertigt werden. Exakte Messungen von Größe und Form der Individuen sollten Sie ins Feldbuch eintragen. Die Anzahl der Individuen einer Art und das Verhältnis der Arten untereinander beschreibt eine Faunengemeinschaft; man zählt und vermißt die Fossilien innerhalb eines Quadratmeters und wiederholt das Ganze in gleichen Abständen auf der Schichtfläche. Für andere können diese Daten von unschätzbarem Wert sein. Sie selbst vertiefen Ihre Kenntnisse über diesen speziellen Horizont und Zeitabschnitt.

Bergen von Material

Die sinnlose Zerstörung eines Aufschlusses bei der Suche nach ein oder zwei Fossilien ist unangebracht. Fossilsuche sollte in Maßen und möglichst ohne Hämmern ablaufen. Über lange Zeit ausgewitterte Fossilien, auf der Gesteinsoberfläche oder im Geröll eines Aufschlusses sind oft die besten Stücke zu finden.
Sammeln ist eine Entscheidungsfrage. Wenn Sie sicher sind, daß das Bergen eines Fundstückes besonders wichtig ist, dann sollten Sie es tun. Aber prüfen Sie zuerst seinen wissenschaftlichen Wert bzw. ob es andernfalls durch Verwitterung oder Vandalismus zerstört würde.
Ein Fossil, das im Gestein eingebettet ist, zu bergen, kann langwierig und schwierig sein. Das schönste Fundstück muß gelegentlich zurückgelassen werden, wenn sich herausstellt, daß die Bergung zu viele Probleme aufwirft oder sogar ein Wagnis wird. Bevor Sie also an die Arbeit gehen, prüfen Sie, ob sie durchzuführen ist, ohne das Fossil oder den Aufschluß zu zerstören.
Der Erfolg beim Bergen eines Fossils hängt vom Gestein und von der Beschaffenheit des Fossils ab. In harten, gut geklüfteten Gesteinen untersucht man am besten die umgebenden Klüfte. Meißel werden in die Bruchflächen eingesetzt, und der eingeschlossene Block kann ausgebrochen werden. Verwenden Sie gehärtete Stahlwerkzeuge. Die Meißel sollten einen gesicherten oder verstärkten Kopf haben. Schlagen Sie mit dem Hammer vom Körper weg, und vergessen Sie nicht, eine Schutzbrille zu tragen. Die weitere Präparation im Gelände ist bei kompakten Gesteinen nicht nötig. Sind keine geeigneten Klüfte vorhanden, um das Fossil zu bergen, so ist es wichtig, den Meißel mit dem notwendigen Abstand zum Fossil und von diesem abgewendet einzusetzen. Versichern Sie sich, daß genügend Gestein zum Schutz gegen Zerbrechen um das Fundstück verbleibt.

Fossilien aus weichen Sedimenten können vorzüglich präpariert werden. Es ist aber wichtig, sie zusammen mit dem sie umgebenden Sediment zu entnehmen, um sie auf dem Transport nach Hause zu schützen. Dazu wird man wohl besser ein scharfes Messer statt Hammer und Meißel verwenden. Man kann dann das Sediment einfach abschnitzen. Entfernen Sie es zuerst ringsherum, bevor Sie versuchen, die Unterlage freizulegen. Danach wickeln Sie es in Seidenpapier und verwahren es in einer Schachtel.

In Sanden oder sandigen Tonen verwenden Sie besser ein Sieb, anstatt zu schürfen oder zu graben. So erhalten Sie auch die kleinsten Stücke und damit das gesamte Fossil-Spektrum.

Die Technik des Naßsiebens wird häufig auf der Suche nach kleinen Säugerfossilien angewandt. Ebenso werden Mikrofossilien beim sogenannten Schlämmen im Labor mit Hilfe verschiedener Chemikalien aus der Probe gesiebt.

Nach dem Sammeln sollten Sie Ihre Fundstücke sofort numerieren und im Feldbuch eintragen. Verpacken Sie das Material sorgfältig in Seidenpapier und Zeitungspapier. Werfen Sie auf keinen Fall alles unbeschriftet in eine Kiste. Seidenpapier, Zeitungspapier und ein starkes Gewebeband sind wichtige Utensilien eines Paläontologen im Gelände. Hilfreich sind einige kleine Bürsten, um loses Sediment zu entfernen, und etwas Polyvinylacetat-(PVA-) Klebstoff, um zerbrechliche Fossilien zu stützen. Große Stücke können bei Bedarf zwischen Styropor, Wellpappe oder mit einer Gipsbandage umgeben werden. Erfinderischen Ideen sind hier keinerlei Grenzen gesetzt.

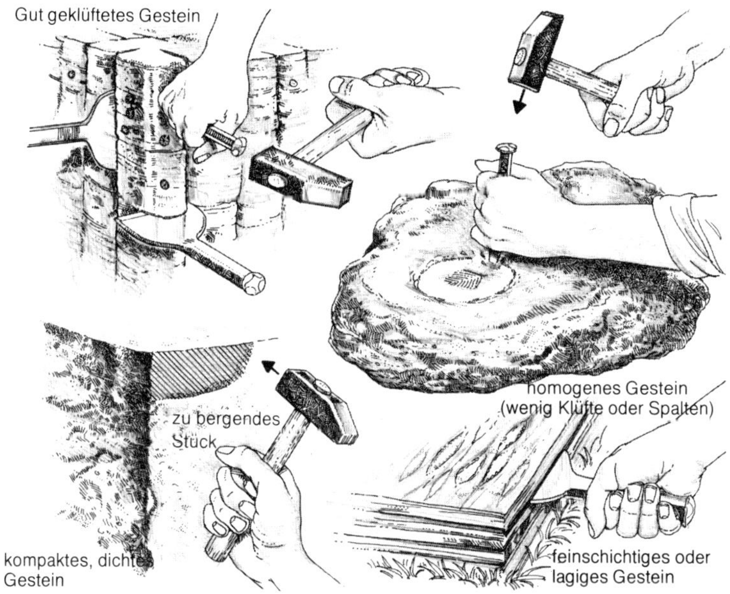

Um ein Fossil zu bergen, wird man je nach den Eigenschaften des Gesteins die entsprechende Technik anwenden. Hämmern Sie niemals wahllos auf dem Gestein herum.

Präparation zu Hause

Um Ihr Fossilmaterial zu reinigen, zu präparieren, zu konservieren und zu verschönern, gibt es viele Verfahren und Techniken. Robuste Stücke kann man mit Wasser und Bürste gründlich reinigen. Andere aber sollten mit größter Sorgfalt behandelt werden. Mit einer Bürste und einer starken Nadel werden lose Sedimentstückchen entfernt. Hervorstehende Teile des Fossils können mit einer Schicht Polyvinylacetat-Klebstoff geschützt werden.
Einige Labors sind gut ausgerüstet mit Sandstrahlgeräten, Preßluftstößel und Zahnarztbohrern. Damit läßt sich sehr leicht überschüssiges Material entfernen. Wieder ist größte Sorgfalt nötig, wenn man nahe an der Oberfläche des Fossils arbeitet.
Erfahrene Präparatoren benützen neben diesen Werkzeugen auch verdünnte Säuren, die jedoch bei Unerfahrenheit sehr gefährlich werden können. Deshalb ist höchste Vorsicht geboten, wenn diese Chemikalien zu Hause benutzt werden. Kalksteine reagieren gut auf die Wirkung verdünnter Salzsäure oder Essigsäure (2–10%ig). Verkieselte Fossilien und Knochen können ebenfalls mit diesen Chemikalien von Sediment befreit werden. Die Stücke sollten aber trocken sein. Entblößte Stellen des Fossils werden mit PVA-Kleber abgedeckt. Man sollte sie aber nicht länger als 6 Stunden in der Säure lassen. Danach wäscht man sie ab und läßt sie ungefähr genauso lange im klaren Wasser. Bevor man auf diese Weise fortfährt, muß man erneut die freigelegten Stellen des Fossils abdecken. Viele der ausgestellten schönen Stücke in unseren Museen sind auf diese Weise präpariert worden.

Ablauf der mechanischen und chemischen Präparation eines Körperfossils: 1. loses Gestein entfernen; 2. ins Säurebad geben; 3. säubern im Wasserbad; 4. mit PVA-Kleber bestreichen.

Aufbewahrung und Dokumentation

Nach der Präparation werden die Fossilien richtig aufbewahrt.
Prüfen Sie, ob die Nummer des Fundstückes zusammen mit der Beschreibung des Aufschlusses in Ihr Sammlungsbuch und die Fossilkarte übertragen wurde. Für jedes Stück sollte eine Karte existieren. Unabhängig von der Aufschlußbeschreibung sollte es mit der entsprechenden Schublade und dem Auslagekästchen bezeichnet sein. Zusätzlich sollte festgehalten werden: der Fossilname, die Familie, zu der es gehört, und der stratigraphische Bereich. Erstellen Sie ein wechselseitiges Register für Feldbuch, Fossilkarten und Fundstücke. Nun ist Ihre Sammlung ein großer Verdienst für Sie selbst und für die Wissenschaft. Im Laufe der Jahre werden Sie stolz darauf sein und Ihre Fundstücke mit denen aus Museen vergleichen können. Gelegentlich werden Sie vielleicht von anderen Paläontologen, die Ihr Material benützen wollen, besucht werden. Fundstücke ohne nähere Angaben sind kaum brauchbar und ohne Wert. Aktualisieren Sie die Daten regelmäßig: Namen können wechseln und Aufschlüsse verschwinden. Sollte dies der Fall sein, halten Sie die Details fest. Achten Sie auch darauf, die Fundstücke trocken zu halten. Wenn das pyritische Material zerfällt, kann mit einem Bad in einem antibakteriellen Desinfektiosmittel abgeholfen werden. Vergessen Sie nicht, das Stück sorgsam zu trocknen und wieder mit einer Schicht PVA-Kleber zu überziehen.

Benennen und Klassifizieren der Fundstücke

Im Gegensatz zur großen Mehrzahl der lebenden Pflanzen und Tiere haben die Fossilien keine populären Namen. Ihre Namen sind aus dem Lateinischen oder Griechischen abgeleitet; sie gelten als wissenschaftliche Bezeichnungen. Bekannte Namen wie »Dinosaurier«, »Muschel« oder »Ammonit« definieren Gruppen, jedoch keine einzelnen Organismen. Wissenschaftliche Namen sind eindeutig und werden gebraucht, um die Merkmale eines Fossils zu beschreiben oder die Gruppe zu definieren, zu der es gehört. Jedes Tier und jede Pflanze, ob groß oder klein, gehört zu einer **Art** (in anderen Worten: gleiche Organismen, die durch Kreuzung untereinander fruchtbare Nachkommen erzeugen). Mehrere Arten gehören zu einer **Gattung.** Sie sind eng miteinander verwandt und ähneln sich in Gestalt und anderen Merkmalen. Der wissenschaftliche Name eines Organismus besteht aus zwei Teilen, einem **Gattungs-** und einem **Artnamen.** Der intelligente Mensch wird dementsprechend *Homo sapiens* genannt. Gattungen sind in **Familien** zusammengefaßt, Familien in **Ordnungen,** Ordnungen in **Klassen** und Klassen in **Stämmen.** Jede höhere Kategorie bedeutet eine Verallgemeinerung der Merkmale, die den Gruppen, der **Taxa,** gemein sind.
Beim Beschriften der Fundstücke ist es wichtig, den korrekten wissenschaftlichen Namen zu verwenden. Für die meisten Stücke gibt es bereits einen, und man kann ihn in Büchern finden, wie z. B. im *Treatise on Invertebrate Palaeontology.* Wenn Sie Schwierigkeiten bei der Bestimmung haben, wenden Sie sich an Ihr örtliches Museum oder an eine Hochschule. Es könnte ja sein, daß Sie etwas Einzigartiges gefunden haben. Sollte dies der Fall sein, ist es wichtig, daß Ihr Fundstück in einer anerkannten wissenschaftlichen Zeitschrift veröffentlicht wird.

Bestimmungsschlüssel

Alle auf der Erde lebenden Organismen müssen wir als potentielle Fossilien ansehen. Aber nach ihrem Tod wird nur ein kleiner Teil dieser Organismen erhalten bleiben. Geschöpfe ohne Hartteile werden zumeist spurlos verschwinden, und sogar Tiere mit Hartteilen werden oft zerstört oder beschädigt. Das konservierte Material wird also nur ein unvollständiges Spektrum des Lebens, das wir heute kennen, repräsentieren. Gleiches gilt für das fossil erhaltene Leben. Es ist unvollständig, und viele Fossilien sind sicherlich spurlos verschwunden.
Systematische Bestimmungsschlüssel, wie auf den folgenden Seiten, können Ihnen das Identifizieren von Organismen aufgrund fossiler Reste beträchtlich erleichtern. Bedenken Sie aber, daß Ihr Fundstück möglicherweise nur das Fragment eines Tieres sein kann. Dann müssen Sie versuchen, sich das Geschöpf in seiner ganzen Größe vorzustellen. Der erste Teil des Bestimmungsschlüssels führt Sie zu einem Stamm oder einer Klasse. Die weitere Bestimmung erfolgt dann im Teil II bis zur betreffenden Gruppe. Viele Stücke können dann letztlich mit den Farbtafeln verglichen werden.

Teil I Schlüssel zu den Hauptgruppen fossiler Invertebraten

1	a	solitär	siehe unter 2
	b	koloniebildend	siehe unter 3
2	a	ungekammert	siehe unter 4
	b	gekammert (mit Septen)	siehe unter 5
3	a	mit Poren	siehe unter 18
	b	ohne Poren	siehe unter 19
4	a	aufgerollt	siehe unter Gastropoden (S. 45)
	b	gestreckt	siehe unter 6
5	a	aufgerollt	siehe unter 7
	b	gestreckt	siehe unter 8
6	a	Schale aus einem Skelettelement bestehend	siehe unter 10
	b	Schale aus mehreren Skelettelementen bestehend	siehe unter 13
7	a	Kammerscheidewand eben oder leicht gebogen	siehe unter 8
	b	Kammerscheidewand verfaltet	siehe unter Ammonoideen (Seite 108)
8	a	Kammerscheidewand mit kleinen rohrförmigen Strukturen (Sipho)	siehe unter 9
8	b	kleine bis mikroskopisch kleine Organismen, ohne Sipho	siehe unter Foraminiferen (Seite 40)
9	a	Kammerscheidewand (Septum) gerade oder leicht gekrümmt	siehe unter Nautiloideen (Seite 106)
	b	Kammerscheidewand leicht gekrümmt; Hauptskelettelement ist ein geschoßförmiger Schirm	siehe unter Belemniten (Seite 118)
	c	Kammerscheidewand verfaltet	siehe unter Ammonoideen (Seite 108)

10	a	radialsymmetrisches Fossil	siehe unter 11
	b	nicht radialsymmetrisches Fossil	siehe unter 12
11	a	mit vertikalen, radialen Scheidewänden	siehe unter Korallen (Seite 41)
	b	derb mit Zentralkanal; radiales Muster	siehe unter Crinoideen (Seite 128)
12	a	großes Fossil mit großer Öffnung; mit Poren; einfache Wandung	siehe unter Schwämme (Seite 40)
	b	großes Fossil mit großer Öffnung; mit Poren; doppelte Wandung	siehe unter Archaeocyathiden (Seite 41)
	c	großes Fossil mit großer Öffnung	siehe unter Gastropoden (Seite 45)
	d	kleines bis mikroskopisch kleines Fossil	siehe unter Foraminiferen (Seite 40)
13	a	bilaterial symmetrisch	siehe unter 14
	b	radial symmetrisch	siehe unter 16
14	a	zweiklappige Schale	siehe unter 15
	b	segmentiertes Skelett	siehe unter Arthropoden (Seite 48)
15	a	zweiklappig, im allgemeinen spiegelbildlich und gleich groß	siehe unter Bivalven (Seite 46)
	b	verschieden große Klappen, nicht spiegelbildlich, längssymmetrisch	siehe unter Brachiopoden (Seite 43)
16	a	fünfzählige Symmetrie	siehe unter 17
	b	keine fünfzählige Symmetrie	siehe unter Korallen (Seite 41)
17	a	Skelett mit Armen; mit oder ohne Stiel	siehe unter Crinoideen (Seite 128) oder unter Blastoideen (Seite 134)
	b	kugelförmiges oder flaches Skelett; Arme in das Gehäuse integriert	siehe unter Echinoideen (Seite 130)
	c	abgeflacht; fünf radial ausgestreckte Arme	siehe unter Asterozoen (Seite 136)
18		mit einfacher poriger Wandung	siehe unter Schwämme (Seite 40)
19	a	laminare Strukturen, kastenförmige Einheiten	siehe unter Stromatoporen (Seite 42)
	b	zylinder- oder kastenförmige Einheiten	siehe unter Korallen (Seite 41)
20	a	Groß, mit senkrechten radialen Scheidewänden	siehe unter Korallen (Seite 41)
	b	klein bis mikroskopisch klein, keine senkrechten radialen Scheidewände	siehe unter 21
21	a	mit rutenförmigen Zweigen	siehe unter Graptolithen (Seite 49)
	b	moosartig, mit vielen kleinen Öffnungen	siehe unter Bryozoen (Seite 42)

Teil II Schlüssel zu den fossilen Organismen

FORAMINIFEREN (Stamm: Protozoa)

Die Mehrzahl dieser einzelligen Tiere lebt im Meer. Die meisten besitzen ein Skelett, das entweder aus organischer, horniger Substanz (Chitin) oder aus Calciumkarbonat oder aber aus um das Tier herum verkitteten Sandkörnern besteht. Die Gehäusegröße erstreckt sich von 0,05 mm bis zu 10 cm. Bestimmte Fossilien haben eine charakteristische Struktur in der Gehäusewandung. Gestalt und Größe sind gute Indikatoren für die Lebensweise, während die Anzahl und die Anordnung der Kammern über Gattung und Art Aufschluß geben. Man braucht ein starkes Mikroskop, wenn man die kleinen Foraminiferen finden und studieren möchte. Größere Formen sind aber über die stratigraphische Abfolge weit verbreitet. Einige davon sind wichtige Gesteinsbildner und wegen ihrer Häufigkeit leichter zu finden (siehe Seite 52).

SCHWÄMME (Stamm: Porifera)

Schwämme sind vielzellige Organismen. Sie werden nach der Systematik direkt über den Protozoen eingereiht. Die Mehrzahl lebt marin. Ihre Größe reicht von weniger als 1 cm bis zu 1 m im Durchmesser. Obwohl sie viele Zellen besitzen, haben die Schwämme keine erkennbaren Gewebeschichten. Oft wird der weiche Körper durch dünne, nadelförmige Elemente, sogenannte **Spikulae,** gefestigt. Diese sind lose oder miteinander verbunden und bestehen entweder aus Calciumkarbonat, Kieselsäure oder einer hornigen Substanz, dem **Spongin.** Einzelne lose Spikulae sind schwer zu finden oder zu erkennen. Skelette aus verschweißten oder verklebten Elementen sind jedoch in einigen mesozoischen und känozoischen Horizonten verbreitet. Die mineralische Zusammensetzung ist für die Lebensweise und für die systematische Einteilung der Schwämme wichtig. Mit der folgenden Beschreibung können Sie die Gruppe herausfinden, zu der Ihr Fundstück gehört. Einige Gattungen der häufigsten fossilen Schwämme sind abgebildet.

Schlüssel zu den Hauptgruppen fossiler Schwämme

1	a	kalkiges Skelett	siehe unter 2
	b	Skelett aus kieseligen Spikulae	siehe unter 3
2	a	Skelett mit dünnen Wandungen; zylindrische Form; kleines Oskulum	Beispiel: *Peronidella* (Seite 56)
	b	Skelett mit dicken Wandungen; solitär oder koloniebildend; tassen- oder vasenförmig mit getrennter Höhlung	Beispiel: *Raphidonema* (Seite 56)
3	a	Skelett tassen- oder vasenförmig, schwach verzweigt; Spikulaverkettung würfelförmig, sechsstrahlige Spikulae	Beispiel: *Ventriculites* (Seite 54)
	b	massives Skelett; dicht gebaut mit kleinen oder reduzierten Öffnungen; große, knorrige Spikulae. Die Schwämme hinter-	

lassen manchmal Höhlen oder Wohnbauten als Spuren	Beispiel: *Siphonia* (Seite 54) oder *Entobia* (Seite 54)

ARCHAEOCYATHIDEN (Stamm: Archaeocyatha)

Hierbei handelt es sich um eine ganz spezielle Gruppe von Invertebraten, die nur im Unter- und Mittelkambrium bekannt ist. Mit ihrer porösen Wandung sind sie den Schwämmen ähnlich. Sie haben die Form eines Bechers und besitzen gewöhnlich innerhalb noch eine zweite Wandung. Beide werden durch vertikale und horizontale Zwischenwände voneinander getrennt. Alle Wandungen und Hilfselemente des Skeletts werden von Poren durchdrungen. Bei gut erhaltenen Stücken kann man eine Wurzelstruktur erkennen.

KORALLEN, QUALLEN UND VERWANDTE
(Stamm: Cnidaria)

Von den Tieren, deren Zellen in Gewebe organisiert sind, sind diese am einfachsten aufgebaut. Ihre Organisation erfolgt nach einem Radialplan, der in den Hartteilen zahlreicher Familien wiederzuerkennen ist.
Die meisten fossilen Vertreter der Cnidaria sind Steinkorallen. Sie haben einen zylindrischen Körper. Der zentral gelegene Mund wird von einem Tentakelkranz umgeben. Ein solches Tier bezeichnet man als **Polyp.** Die freischwimmende **Meduse** oder Qualle unterscheidet sich von ihm durch einen scheibenförmigen Körper mit abwärts gerichtetem Mund. Seeanemonen sind typische Vertreter von verankerten Polypen. Die Polypen der Steinkorallen sitzen auf einem kalkigen Skelett. Sie gehören zur Klasse Anthozoa.
Das kalkige Skelett wird vom weichen Gewebe der Basis des Polypen abgeschieden. Ursprünglich war das Skelett aragonitisch. Jedoch wurde es bei den meisten fossilen Korallen zu Calcit umkristallisiert. Die Größe des Tieres zeigt sich in der Entwicklung seines Skeletts. Es heißt Corallum und ist im wesentlichen hornförmig mit einer Außenwand und zahlreichen, radial angeordneten Septen. Die Zahl der Septen, die Reihenfolge ihrer Entwicklung, die Formen und Varietäten anderer Skelettelemente sind wichtig zur systematischen Einteilung der Steinkorallen. Man unterscheidet einzeln lebende (solitäre) und koloniebildende Korallen. Mit dem folgenden Schlüssel können Sie Ihre Korallenfundstücke nach Ordnungen bestimmen. Die Steinkorallen werden in drei Ordnungen eingeteilt. Davon sind die tabulaten und die rugosen Korallen nur aus dem Paläozoikum bekannt. Die Skleraktinier oder Hexakorallen kommen im Mesozoikum und Känozoikum vor. Verwandte Gruppen wie die Stromatoporen (siehe unten) und die Hydrozoen (Seite 68) sind ebenfalls wichtige Vertreter aus dem Paläozoikum und Känozoikum.

Schlüssel zu den Hauptgruppen fossiler Korallen

1	a	fehlende oder schwach entwickelte Septen	siehe unter 2
	b	gut entwickelte Septen	siehe unter 3
2		es dominieren horizontale Wandstrukturen (Tabulae)	siehe unter tabulate Korallen (Seite 58)
3	a	solitäre oder koloniebildende Korallen mit gut entwickelten	

	Tabulae und Septen; auf Paläozoikum begrenzt	siehe unter rugose Korallen (Seite 60)
b	Korallen mit Septen und Tabulae; auf Mesozoikum und Känozoikum begrenzt	siehe unter skleraktine Korallen (Seite 64)

STROMATOPOREN (Klasse Stromatoporida)

Als wichtige Riffbildner des Paläozoikums findet man die Reste der Stromatoporen in Form von geschichteten kalkigen Massen vor. Das Skelett kann kugelförmig oder flach, teilweise schwach verzweigt oder zylindrisch sein. Es ist schwierig, die feinen Strukturen des Skeletts zu erkennen; Stromatoporen sind jedoch ähnlich wie tabulate Korallen aufgebaut. Die Oberfläche der Kolonie trägt in vielen Fällen Höcker mit einer zentralen Öffnung, die die Position der Tiere andeutet. Zahlreiche Rillen verlassen sternförmig die Öffnung. Man vermutet, daß die ausgestorbenen Stromatoporen mit den heutigen riffbildenden Hydrozoen, wie z. B. den Milleporiden, verwandt sind. Diese haben, wie die Steinkorallen, einen polypartigen Körper. Die Stromatoporen sind vom Kambrium bis zur Kreide verbreitet.

BRYOZOEN (Stamm: Polyzoa)

Trotz ihrer kleinen und zierlichen Form werden auch die Bryozoen als Fossilien gefunden. Es sind koloniebildende Tiere, und die Mehrzahl lebte und lebt marin. Die Kolonien bestehen aus vielen kleinen Röhren oder Waben und ähneln entfernt den kleineren tabulaten Korallen. Die Weichteile bestehen aus Mund, Darm und After. Die Verwandtschaft zu den Brachiopoden ist größer als zu den primitiveren Korallen. Am Skelett unterscheidet man verschieden große Röhrchen: Die größeren heißen **Autozooecien (Autoporen),** die kleineren **Mesozooecien (Mesoporen)** und **Acanthoporen:** Sie werden durch horizontale Böden, sogenannte Diaphragmen, unterteilt. Diese könnte man mit den Tabulae von Korallen vergleichen, Septen und Dissepimente (kleine Calcitplatten) fehlen jedoch. Bei den weiterentwickelten Gattungen kann die Öffnung der Röhre oder Wabe durch einen vorgebauten Rand teilweise verdeckt werden. Die ersten Bryozoen erscheinen im Ordovizium. Heute leben über 3500 Arten. Der Stamm wird in drei Klassen unterteilt, von denen Stenolaemata und Gymnolaemata die wichtigsten sind.
Zu den Stenolaematen gehören die kalkigen Bryozoen. Sie werden nach der Struktur und der Organisation ihrer Kolonie in vier Ordnungen gegliedert. Zu den Gymnolaematen gehören sowohl hornige als auch kalkige Bryozoen.

Schlüssel zu den Hauptgruppen fossiler kalkiger Bryozoen

1	a	Autozooecien dominieren	siehe unter 2
	b	Autozooecien werden durch zwischenstehende Mesozooecien und/oder Acanthoporen getrennt	siehe unter 3
2	a	gerundetes Autozooecium ohne vorgebauten Rand	Beispiele: *Berenicea, Theonoa, Meandropora* (Seite 70)

	b	Autozooecien kistenförmig mit komplexem vorgebautem Rand über der Öffnung	chelistomate Bryozoen (nicht abgebildet)
3	a	Kolonien, feingliedrig	siehe unter 4
	b	Kolonien massig	trepostomate Bryozoen (nicht abgebildet)
4	a	Zooecien, durch Netzmaschen getrennt. Röhrenförmig verlängert	cryptostomate Bryozoen (nicht abgebildet)
	b	Zooecien kurz und zylindrisch, nicht durch Netzmaschen getrennt	Beispiele: *Fenestrella, Archimedes* (Seite 70)

BRACHIOPODEN (Stamm: Brachiopoda)

Brachiopoden sind Meeresbodenbewohner. Ihre Weichteile werden von einer zweiklappigen kalkigen oder chitinophosphatigen Schale geschützt. Entfernt ähnelt die Schale der einer Muschel, jedoch ist jede Klappe in sich zu einer Spiegelebene symmetrisch. Außerdem sind sie ungleich groß. Im Gegensatz dazu besteht die Schale einer Muschel aus zwei gleichgroßen Klappen, die aber jeweils nicht symmetrisch sind. Mit der Struktur und Zusammensetzung der Schale werden zwei Hauptgruppen unterschieden.

INARTIKULATE BRACHIOPODEN (Klasse: Inarticulata)

Brachiopoden mit chitinophosphatischer, selten kalkiger Schale. Die beiden Klappen sind nicht mit Zähnen und Zahngruben verbunden und Armgerüste fehlen. Das chitinophosphatische Material der Schale ist gewöhnlich gut durch Farbe und Struktur zu erkennen. Es ist glänzend schwarz-braun oder schwarz und erscheint hornig geschichtet.

Schlüssel zu den Hauptgruppen fossiler inartikulater Brachiopoden

1	a	chitinophosphatische Schale (schwarz/braun mit starkem Glanz; sehr dünne Schale)	siehe unter 2
	b	kalkige Schale (mineralisiert) im allgemeinen nicht wie oben	
		(i) klein mit undeutlichem Schloßrand	siehe unter 2
		(ii) mittel bis groß mit deutlichem Schloßrand	siehe unter artikulate Brachiopoden (Seite 44)
2	a	längliche Klappen, annähernd gleichklappig	siehe unter 3
	b	Schalen rund oder annähernd rund	siehe unter 3
	c	Schalen kreisförmig oder annähernd kreisförmig	siehe unter 3
3	a	Stielaustritt zwischen Klappen	Beispiel: *Lingula* (Seite 72)
	b	Stiel-Loch nur in Stielklappe	siehe unter 4
4	a	phosphatische Schale, rund oder oval	Beispiel: *Orbiculoidea* (Seite 72)

	b	Schale phosphatisch oder kalkig, kreisförmig oder annähernd kreisförmig	Beispiel: *Crania* (Seite 72)
	c	Schale kalkig, bikonvex, kreisförmig oder oval	Beispiel: *Discina* (nicht abgebildet)
5	a	kalkige Schale mit vorstehendem Schnabel an der Stielklappe, Schloßrand deutlich entwickelt (für inartikulate Brachiopoden atypisch)	Beispiel: *Kutorgina* (nicht abgebildet)

ARTIKULATE BRACHIOPODEN (Klasse: Articulata)

Große bis mittelgroße Brachiopoden mit kalkiger Schale. Schloßrand und Schloß mit Zähnen und Zahngruben stark entwickelt. Armgerüst kann spiralig oder schleifenförmig ausgebildet sein. Äußere Form und Skulptur dienen ebenfalls als grobes Erkennungsmerkmal.

Schlüssel zu den Hauptgruppen fossiler artikulater Brachiopoden

1	a	gerader Schloßrand, gleichlang wie Schalenbreite (strophisch)	siehe unter 2
	b	Schloßrand gerade oder gebogen, kürzer als Schalenbreite (nicht strophisch)	siehe unter 6
2	a	Schale bikonvex	siehe unter 3
	b	Schale plankonvex	siehe unter 3
	c	Schale konkav-konvex	siehe unter 3
3	a	fein berippt	siehe unter 4
	b	grob berippt	siehe unter 5
4		Stielloch geöffnet	siehe unter Orthiden (Seite 76)
5	a	Stielloch geschlossen	siehe unter Strophomeniden (Seite 82)
	b	Stielloch geöffnet	siehe unter Spiriferiden (Seite 84)
6	a	Schale bikonvex, stark berippt	siehe unter 7
	b	Schale bikonvex, glatt oder schwach berippt	siehe unter 8
7	a	Schale faserig, verfaltet mit deutlichem Schnabel	siehe unter Rhynchonelliden (Seite 76)
	b	Schale unverfaltet	siehe unter 8 b
8	a	kreisförmige bis tropfenförmige Schale, exponiertes rundes Stielloch	siehe unter Terebratuliden (Seite 80)
	b	Schale stark bikonvex, gut entwickelter Schnabel an einer oder beiden Klappen	siehe unter Pentameriden (Seite 78)

Die beschriebenen Merkmale in diesem Bestimmungsschlüssel beziehen sich auf die Außenseite der Schale. Zur genaueren Bestimmung müssen auch die inneren Merkmale der Schale berücksichtigt werden.

MOLLUSKEN (Stamm: Mollusca)

Lebende Mollusken umfassen Schnecken, Muscheln (Bivalven), Tintenfische und Chitonen. Sie gehören einer ausgesprochen mannigfaltigen Tiergruppe an

und stellen zusammen mit den ausgestorbenen Vertretern den wichtigsten Stamm der fossilen Tierwelt dar.
Die Mollusken besetzen zahlreiche ökologische Nischen und füllen viele Lebensbereiche. Die Muscheln sind frei beweglich oder wohnen und bohren im Substrat, Schnecken kriechen darüber und weiden es ab, während Tintenfische und verwandte Formen im offenen Meer schwimmen und jagen. Wahrscheinlich haben sich alle Mollusken von einem gemeinsamen Vorfahren im Präkambrium entwickelt. Die lebenden Chitonen stehen dem möglichen Stammvater am nächsten. Sie haben eine segmentierte Schale und einen sehr einfachen Körperaufbau.
Fossile Mollusken werden eindeutig durch ihre Schale bestimmt. Die vielfältigen Formen lassen Rückschlüsse auf Gestalt und Lebensgewohnheit des ursprünglichen Besitzers zu. Molluskenschalen bestehen aus Calciumkarbonat, entweder in Form von Calcit oder Aragonit. Bei vielen Gattungen wird die Schale von einer dicken, dunklen, organischen Schicht, dem Periostrakum, überzogen. Sie ist nur selten fossil überliefert. Viele andere Merkmale erlauben eine Einteilung in verschiedene Klassen. Kriterien zur weiteren Gliederung in Familien und Gattungen sind Skulptur, Stellung von Zähnen und Zahngruben, Art der Aufrollung und Form der Suturlinie zwischen innerer und äußerer Schale.

Schlüssel zu den Hauptgruppen fossiler Mollusken

1	a	Schale segmentiert	siehe unter Chitonen (Seite 104)
	b	Schale nicht segmentiert	siehe unter 2
2	a	Schale aufgerollt	siehe unter 3
	b	Schale nicht aufgerollt	siehe unter 5
3	a	Schale gekammert	siehe unter 4
	b	Schale ungekammert	siehe unter Gastropoden (Seite 45)
4	a	Kammerscheidewände verfaltet	siehe unter Ammonoideen (Seite 108)
	b	Kammerscheidewände eben oder leicht gewellt	siche unter Nautiloideen (Seite 106)
5	a	Schale besteht aus Einzelelement	siehe unter Skaphopoden (Seite 104)
	b	Schale zweiklappig	siehe unter Bivalven (Seite 46)

GASTROPODEN (Klasse Gastropoda)
Als eine der Hauptgruppen des Stammes Mollusca werden die Gastropoden (Schnecken) durch ihr einschaliges Gehäuse charakterisiert. Es ist kalkig und bei den meisten Gastropoden aufgerollt. Im einfachsten Fall erfolgt die Aufrollung in einer Ebene und wird **planspiral** genannt. Diese Ebene ist dann gleichzeitig eine Spiegelebene, die das Gehäuse in zwei gleiche Hälften teilt. Die meisten Schnecken sind schraubenartig aufgerollt, ähnlich einem Schlauch, der über einen aufrechten Kegel gewickelt ist. Die Kegelhöhe kann niedrig oder gedrungen bis gestreckt sein. Jeder vollständige Umgang des Gehäuses ist eine **Windung.** Der Körper des Tieres reicht bis in die kleinste Windung zurück. Die Außenseite der Schale wird von Suturlinien unterteilt, von Wachstumsstreifen, Rippen, Knoten und Stacheln geschmückt.

Schlüssel zu den Hauptgruppen fossiler Gastropoden

1	a	mit Schale	siehe unter 2
	b	Schale ist reduziert oder fehlt	Opisthobranchiaten (nicht abgebildet) und Pulmonaten (Seite 92)
2	a	Schale aufgerollt	siehe unter 3
	b	Schale gestreckt	Amphigastropoden (nicht abgebildet)
3		Schale planspiral aufgerollt	Amphigastropoden (nicht abgebildet) und Archaeogastropoden (Seite 86)
4	a	ohne Siphonalkanal	siehe unter 5
	b	meist mit Siphonalkanal	siehe unter 7
5	a	häufig mit Einschnitt an der Außenseite der Mündung (Schlitzband)	siehe unter Archaeogastropoden (Seite 86)
	b	Mündung unversehrt; ohne Schlitzband, rund	siehe unter 6
6	a	dünne Schale; zierlich aufgerollt oder mützenförmig	Opisthobranchiaten (nicht abgebildet) und Pulmonaten (Seite 92)
	b	Schale robust oder mäßig robust; meist glatt, aber oft mit abgewandelter Innenlippe und Mündung	siehe unter Mesogastropoden (Seite 88)
7		auffallender Siphonalkanal, oft langgezogen oder ausgestreckt	siehe unter Neogastropoden (Seite 90)

BIVALVEN ODER MUSCHELN (Klasse Bivalvia)

Die Schale von Bivalven setzt sich aus zwei Klappen zusammen. Sie umschließen die Weichteile des Körpers. Die meisten Muscheln leben marin, aber Süßwassergattungen sind durchaus in Seen und Flüssen verbreitet. Bohrende, grabende, festgeheftete und frei bewegliche Muscheln bevölkern heute in großer Zahl den Schelfbereich. Während des Paläozoikums waren die Brachiopoden das vorherrschende Element der marinen Flachwasserfauna. Ab der Obertrias dominierten jedoch die Bivalven.

Die Klappen der meisten Muscheln sind von konzentrischen Wachstumslinien überzogen und weisen deutliche Skulpturierung in Form von Rippen oder Stacheln auf. Sind die Klappen gleich groß, so bezeichnet man sie als gleichklappig, sind sie verschieden groß, als ungleichklappig. Auch unterscheidet man linke und rechte Klappen der Schale. Der Schloßrand ist gewöhnlich in dorsaler Position, die Öffnung oder Kommissur ventral. Das Schloß besteht aus einer Reihe von Zähnen und Zahngruben. Zusammen mit den Schließmuskelabdrücken geben sie Aufschlüsse über die Lebensweise und sind wichtig für die Einteilung in Klassen. Die systematische Gliederung wird unterschiedlich durchgeführt. Unserem Bestimmungsschlüssel liegen Schalenmerkmale zugrunde.

Schlüssel zu den Hauptgruppen fossiler Bivalven

1	a	Schale mit Zähnen	siehe unter 2
	b	Schale schloßlos oder Schloß schwach entwickelt	siehe unter Anomalodesmaten (Seite 102) und Pteriomorpha (Seite 94)
2	a	zahlreiche Zähne, ungefähr gleich groß und parallel; schräg oder vertikal zum Schloßrand	siehe unter 3
	b	wenige Zähne verschiedener Gestalt	siehe unter 4
	c	Zähne schräg oder vertikal; seitliche Zähne parallel zum Schloßrand	siehe unter Heterodonten (Seite 98)
3	a	Schale klein und dünn, von gewöhnlicher Form	siehe unter Paläotaxodonten (Seite 94)
	b	wechselhafte Schalenform; gleich- oder ungleichklappig, dick mit variablen Muskelfeldern	siehe unter Pteriomorpha (Austern und Miesmuscheln) (Seite 94)
4	a	Kardinalzähne nur teilweise von Lateralzähnen unterschieden; Anzahl der Zähne auf zwei oder drei reduziert	siehe unter Paläoheterodonten (Seite 98)
	b	zentrale und seitliche Zahngruppe deutlich getrennt; Anzahl der Zähne kann bis zum völligen Fehlen reduziert sein	siehe unter Heterodonten (Seite 98) und Pachidonten (Seite 102)

CEPHALOPODEN (Klasse Cephalopoda)

Hierbei handelt es sich um die am höchsten entwickelten Mollusken. Charakteristische Merkmale lebender und fossiler Arten sind ein exponierter Kopf und gut entwickelte Sinnesorgane. Das Gehirn ist für Invertebraten relativ groß, und die Augen haben eine strukturelle Ähnlichkeit mit denen von Vertebraten. Kalmar, Sepia und Kraken sind lebende Beispiele dieser Klasse. Ein weiterer seltener Vertreter ist das Perlboot oder der *Nautilus*. Er lebt beschränkt auf den indopazifischen Raum. Wie unzählige Arten hat er eine externe, aufgerollte Schale. Sie wird von Wänden oder **Septen** in Kammern aufgeteilt, die mit Gas gefüllt sind. Eine Röhre, der **Sipho,** verbindet die Kammern. Dieser durchquert die Septen und ermöglicht durch Gas- und Flüssigkeitsaustausch zwischen den Kammern die Schwimmfähigkeit des Tieres. Die Berührungslinie zwischen Septum und Schale heißt **Sutur** oder **Lobenlinie.** Sie kann, wie bei *Nautilus,* einfach oder, wie bei Ammoniten, sehr kompliziert verfaltet sein. Suturlinien sind zur systematischen Einteilung verschiedener Cephalopodengruppen wichtig.

Schlüssel zu den Hauptgruppen fossiler Cephalopoden

1	a	Schale in drei Abschnitte unterteilt	siehe unter Belemniten (Seite 118)

	b	Schale einfach strukturiert, aufgerollt oder gestreckt	siehe unter 2
2	a	Sutur gerade oder sanft gewellt	siehe unter Nautiloideen (Seite 106)
	b	Sutur gefaltet	siehe unter 3
3	a	Sutur mit breiten, offenen Falten	siehe unter Goniatiten (Seite 108)
	b	Sutur doppelt gefaltet	siehe unter Ceratiten (Seite 110)
	c	Sutur kompliziert verfaltet	siehe unter Ammoniten (Seite 112)

Die hier erstellte grobe Klassifizierung dient der allgemeinen Bestimmung im Gelände. Zur Einteilung in Gattungen oder Arten ist es nötig, den *Treatise on Invertebrate Palaeontology* zu verwenden. Die in diesem Buch abgebildeten Gattungen vertreten die wichtigsten Familien der Cephalopoden, während die detaillierten Beschreibungen als Muster für Ihre eigenen Aufzeichnungen dienen.

ARTHROPODEN (Stamm: Arthropoda)

Von allen Invertebraten sind die Arthropoden, zu denen Insekten, Spinnen, Krabben, Hummer und die mikroskopisch kleinen Ostrakoden gehören, wohl die spektakulärsten. Sie besitzen ein charakteristisch segmentiertes **Außenskelett (Exoskelett)** und gegliederte Beine. Viele ökologische Nischen werden von ihnen besetzt, und sie gedeihen in den meisten Bereichen. Ihr hartes Außenskelett schützt sie vor vielen Räubern und hilft ihnen, unter den härtesten Bedingungen zu überleben. Dieses Skelett begünstigt auch die Fähigkeit zur Fossilisation. Die Überlieferung von Insekten und Crustaceen läßt sich bis ins Alt-Paläozoikum verfolgen. Die während des Paläozoikums dominierende Gruppe der Arthropoden, die Trilobiten, ist ausgestorben. Charakteristisch sind der dreigeteilte Körper und ihre segmentierten Beine. Das Skelett läßt sich quer und längs in drei Einheiten gliedern. Die Hauptteilung erfolgt in Kopf (Cephalon), Körper (Thorax) und Schwanz (Pygidium). Der Kopf ist gewöhnlich halbkreisförmig mit einem zentral gewölbten Bereich, der Glabella. Beiderseits davon befinden sich auf ebenen oder leicht erhabenen Flächen die Augen. Sie bestehen aus vielen eckigen oder runden Linsen und haben meist die Form eines hervorstehenden Halbmondes. Haarfeine Linien durchqueren das Cephalon vom vorderen Rand um das Auge herum zum seitlichen oder hinteren Rand. Sie heißen **Fazial-Sutur.** Der Thorax ist in viele Segmente unterteilt. In der Längsachse erstreckt sich die gewölbte Spindel. Der Schwanz vieler Trilobiten ist ebenfalls halbkreisförmig. Die Segmente können zu einer Platte verschmolzen sein. Bei vielen Exemplaren ist auch hier eine zentrale Spindel vorhanden. Die Systematik der Trilobiten basiert auf vielen Einzelmerkmalen, die im Gelände oft nur schwer erkannt werden können. Unser Bestimmungsschlüssel bezieht sich deshalb auf eine ältere Klassifizierung, und zwar anhand der Fazial-Sutur.

Schlüssel zu den Hauptgruppen der Trilobiten

1	a	mit Fazial-Sutur	siehe unter 2
	b	ohne Fazial-Sutur	siehe unter 3
2	a	Fazial-Sutur randlich; Augen groß, sichelförmig, manchmal mit der Glabelle verbunden; kleiner, stachelförmiger Schwanz	Beispiel: *Olenellus* (Seite 122)
	b	Fazial-Sutur schneidet Seite des Kopfschildes	Beispiel: *Olenus* (Seite 124)
	c	Fazial-Sutur schneidet Rückseite des Kopfschildes	Beispiel: *Ogygiocaris* (Seite 124)
	d	Fazial-Sutur randlich; keine Augen; kleiner, gerundeter Schwanz	Beispiel: *Trinucleus* (Seite 122) Beispiel: *Agnostus* (Seite 122)
3		kleine Trilobiten mit zwei bis drei Körpersegmenten; Kopf und Schwanz etwa gleich groß	Agnostiden und Eodiskiden

OSTRAKODEN (Klasse Ostracoda)
Eine wichtige Gruppe der Mikroorganismen sind die Ostrakoden, die seit dem Ordovizium bekannt sind. Wie andere Arthropoden haben sie gegliederte Beine, aber zusätzlich eine typische zweiklappige Außenschale. Die meisten sind zwischen 0,5 und 5 mm groß, aber einige erreichen 2 cm Länge. Die Klappen sind mit einem geraden Schloßrand verbunden. Schloßzähne der einen Klappe greifen in die Zahngruben der anderen. Die äußere Skulpturierung und der Umriß der Schale sind wichtige Bestimmungsmerkmale der Gattungen und Arten. Ostrakoden leben heute marin und limnisch.

GRAPTOLITHEN (Klasse Graptolithina)
Die Graptolithen sind marine, koloniebildende Tiere. Sie erscheinen im Kambrium und sind mit den Chordaten verwandt. Ihr zartes Skelettgefüge ähnelt dem der lebenden *Rhabdopleura* der Pterobranchier. Die Gefügeelemente sind wahrscheinlich organisch, aber die meisten Skelette werden als pyritisierte oder verkohlte Reste gefunden. Oft kann man nur einen gezähnten schwarzen Zweig erkennen, doch manches gut erhaltene Fundstück wird auch einige Bestimmungsmerkmale zeigen. Am auffälligsten ist die Verzweigung. Die Zähnung der Äste ist auf die kleinen, becherförmigen **Theken** zurückzuführen, die in Größe und Menge variieren. Die Graptolithenfamilien unterscheiden sich durch die Anzahl der Verzweigungen. Formen und Anordnungen der Theken sind wichtig für die Bestimmung der einzelnen Gattungen. Man kann die Graptolithen in zwei Hauptgruppen einteilen: die Ordnungen Dendroidea und Graptoloidea. Erstere besitzen kleine **Bitheken** und große **Autotheken.** Die Graptoloideen hingegen besitzen nur Autotheken und erreichen selten acht Äste.
Während des **Ordoviziums** und **Silur** wird bei erfolgreichen Graptolithenfamilien eine fortschreitende Abnahme der Äste beobachtet. Graptolithen mit 8-, 4-, 2- und 1-ästigem Skelett können in zahlreichen Sedimenten nachgewiesen werden. Viele Arten sind kurzlebig, aber weit verbreitet und stellen sehr gute Zonenfossilien.

Schlüssel zu den Hauptgruppen von Graptolithen

1	a	Vielästiges Skelett; buschartige Kolonie; mit starker Vergrößerung lassen sich 2 Becher-Typen unterscheiden	siehe Dendroiden (Seite 138)
	b	8 oder weniger Äste	siehe unter 2
2	a	5 – 8 Äste	*Dichograptus* (nicht abgebildet)
	b	4-ästiges Skelett	Beispiel: *Phyllograptus* und *Tetragraptus* (Seite 138)
	c	2-ästiges Skelett	Beispiel: *Didymograptus* (Seite 138)
	d	1-ästiges Skelett	siehe unter 3
3	a	Theken auf beiden Seiten des Astes	Beispiel: *Diplograptus* und *Dicranograptus* (Seite 138)
	b	Theken auf einer Seite des Astes	Beispiel: *Monograptus* und *Rastrites* (Seite 140)

ECHINODERMEN (Stamm Echinodermata)

Den meisten von uns sind die in Küstengewässern lebenden Seesterne und Schlangensterne vertraut. Sie besitzen ein Innenskelett aus **Calcitplatten.** Der Körper besteht aus einer zentralen Scheibe mit fünf Armen (die Zahl fünf ist eng mit den Echinodermen verknüpft, da viele Gruppen eine **pentamere Symmetrie** oder eine fünfstrahlige Form aufweisen). Bei See- und Schlangensternen sind die Skelettplatten nicht verbunden, deshalb fallen sie nach ihrem Tod auseinander. Andere Echinodermen, wie die Seeigel, haben kugel- oder scheibenförmige Körper mit verschmolzenen oder verbundenen Platten. Diese Fossilien kommen in vielen karbonatischen Schichtfolgen häufig vor.

Die Echinodermen sind vielgestaltig in Form und Funktion, und die äußere Skulptur spiegelt ihre Lebensweise wider. Seestern und Seeigel leben im oder frei beweglich auf dem Sediment, während Seelilien meist festgeheftete Meeresbodenbewohner sind: Stiel und Wurzelstrukturen verankern sie im Substrat. Alle Echinodermen besitzen ein inneres System von Röhren und Hohlräumen. Es wird Ambulakralgefäßsystem genannt und steuert bei lebenden Tieren die Atmung, durch Strecken oder Verkürzen kleiner Füßchen die Fortbewegung und Nahrungsaufnahme. Diese Ambulakralfüßchen lassen sich bei den fossilen Arten durch eine Reihe von **Poren** in speziellen Platten erkennen. Jede Echinodermengruppe hat ihre charakteristischen Merkmale. Sie sind wichtig bei der Klassifizierung der einzelnen Fundstücke.

Schlüssel zu den Hauptgruppen fossiler Echinodermen

1	a	Skelett mit Stiel oder stammähnlichem Fortsatz	siehe unter 2

	b	Skelett ohne Stiel	siehe unter 5
2	a	Skelett symmetrisch	siehe unter 3
	b	Skelett ohne Symmetrie	siehe unter 4
3	a	Pentamere Symmetrie dominiert; kleiner, knospenförmiger Becher oder Kelch, bestehend aus 13 Platten	siehe unter Blastoideen (Seite 134)
	b	Pentamere Symmetrie; Kelch mit regelmäßig angeordneten Ringen aus Platten	siehe unter Crinoideen (Seite 128)
4	a	Kelchplatten unregelmäßig angeordnet, verschiedene Porentypen	siehe unter Cystopideen (Seite 134)
	b	Plattenanordnung regelmäßig oder unregelmäßig; Poren fehlen oder begrenzt vorhanden	siehe unter Carpoideen (Seite 136)
5	a	Scheibenförmiges Skelett mit fünf getrennten Armen	siehe unter Asterozoen und Ophiuroideen (Seite 136)
	b	Skelett oder Schale rund; fünf Porenfelder, jeweils zwei Platten breit	siehe unter Echinoideen (Seite 130)
	c	Skelett becherförmig; Platten in Ringen um den Kelch angeordnet	siehe unter Crinoideen (Seite 128)

FOSSILE PFLANZEN UND VERTEBRATEN

Die meisten Pflanzenreste werden als Abdruck oder Pseudomorphose oder als kohlige Schicht auf verkieselten Holzstücken gefunden. Sandsteine in Kohlenlagerstätten enthalten gewöhnlich Abdrücke und Abgüsse von Baumstämmen, Wurzeln und Ästen. Im Kohlenflöz selbst häufen sich Abdrücke von Blättern und Farnwedeln und die kalkigeren Reste der holzigen Teile. Schichten mit vielen Blättern kommen im Mesozoikum und Känozoikum vor. Experten können aufgrund der Blattform und Aderung die Art bestimmen. Auch fossile Wälder treten häufiger im Mesozoikum und jüngeren Schichten auf. Mit genauer Untersuchung der hölzernen Gewebe kann ein Bestimmungsschlüssel entwickelt werden. Einige fossile Pflanzengruppen sind auf den Seiten 148 bis 155 abgebildet und erläutert. Zum besseren Verständnis fossiler Pflanzen sollten Sie jedoch spezielle Literatur benützen oder ein Museum besuchen.
Dasselbe gilt für Vertebratenreste, denn ein Tier kann anhand von Hunderten von Knochen identifiziert werden. Haifische können leicht allein durch ihre scharf gespitzten Zähne bestimmt werden, ebenso Säuger durch die Form und Größe ihrer Eck- und Backenzähne. Leider gibt es noch kein System zur einfachen und schnellen Bestimmung der braun- oder schwarzglänzenden Fischknochen. Zur Bestimmung der häufigeren Funde helfen Bücher. Es wird empfohlen, größere, interessante und wichtige Funde einem öffentlichen Museum zu melden. Die Fachleute der Vertebraten- und Pflanzensammlung werden Ihnen bei der Bestimmung des Materials helfen.
Einige fossile Vertebraten sind auf den Seiten 142 bis 147 abgebildet.

Foraminiferen

Mikroskopisch kleine bis kleine einzellige Tiere, die ein kalkiges Gehäuse (Schale) abscheiden. Dieses kann ein oder mehrere Kammern enthalten, aufgerollt oder gestreckt sein. Vorkommen: Kambrium bis rezent.

Fusulinen Das charakteristischste Merkmal der meisten Fusulinen ist das spindelförmige Gehäuse. Es ist vielkammerig. Die Kammern sind um eine Aufrollungsachse angeordnet. Fusulinen sind häufig in oberkarbonischen und permischen Gesteinen. Sie kommen u. a. im mittelkontinentalen Bereich der USA und in China vor.

Nummuliten Diese Groß-Foraminiferen sind im wesentlichen scheibenförmig und vielkammerig. Das Gehäuse besteht aus Calciumkarbonat und ist mit kleinen Löchern perforiert. Die Oberfläche kann mit einer spiraligen Skulptur und kleinen Knoten besetzt sein. Nummuliten treten zum ersten Mal in paläozoischen Gesteinen auf. Sie sind im mediterranen und karibischen Raum am häufigsten und erlöschen im Oligozän. Sie lebten in warmen, tropischen Meeren.

Orbitoideen Die Orbitoideen gehören zu den Groß-Foraminiferen und haben ein scheibenförmiges Gehäuse aus Calciumkarbonat. Charakteristisch ist die Anordnung ihrer vielen Kammern in Ringen um eine begrenzte Anzahl von Zentralkammern. Die Orbitoideen reichen von der Kreide bis zum Miozän und lebten in warmen Flachmeeren.

Globigerinen Die Globigerinen sind eine Gruppe der planktischen Foraminiferen. Sie erscheinen im Mitteljura und leben heute in den meisten Meeren. Der Name *Globigerina* wird oft als Überbegriff benutzt, um die Gruppe von verwandten Gattungen und Arten zu beschreiben. Dazu gehören *Globotruncana*, *Globorotalia* und *Globigerina*. Die planktonische Lebensweise hat eine weite Verbreitung zur Folge. Kurzlebige Arten werden zur Parallelisierung von Schichten über große Gebiete benützt.

Textulariden Anders als die oben beschriebenen Foraminiferengruppen haben die Textulariden agglutinierte Gehäuse. Das heißt Fremdpartikel (vom Meeresgrund oder Tierreste) werden zu einem steifen Skelett um das Tier herum zusammengesetzt. Sie leben heute auf dem Meeresboden in flachen Küstengewässern oder auf abyssalen Ebenen jenseits des Kontinentalschelfs. Agglutinierende Foraminiferen treten zum ersten Mal im Kambrium auf.

Quinqueloculinen Dies sind vor allem mikroskopisch kleine Foraminiferen. Sie gehören zur Ordnung Miliolida. Deren kalkiges Gehäuse ist porzellanartig glänzend. Die Quinqueloculiniden haben ein eher kantiges Gehäuse mit maximal fünf an der Oberfläche sichtbaren Kammern. Sie reichen vom Jura bis heute und sind gute Indikatoren für das Back Reef und Lagunen.

Fusulinen
(1,6x)

Nummuliten
(1x)

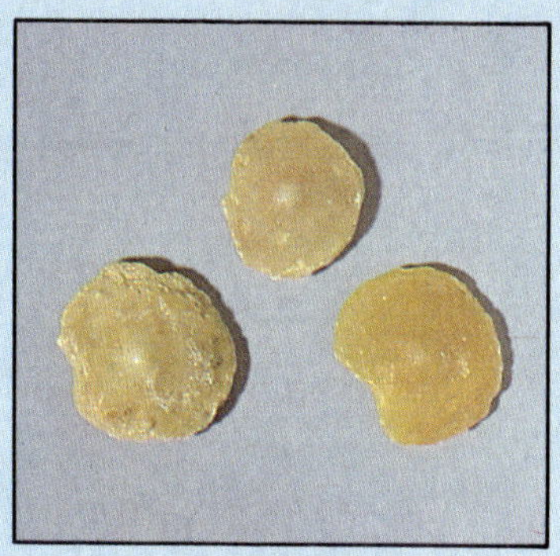

Orbitoideen
(1,6x)

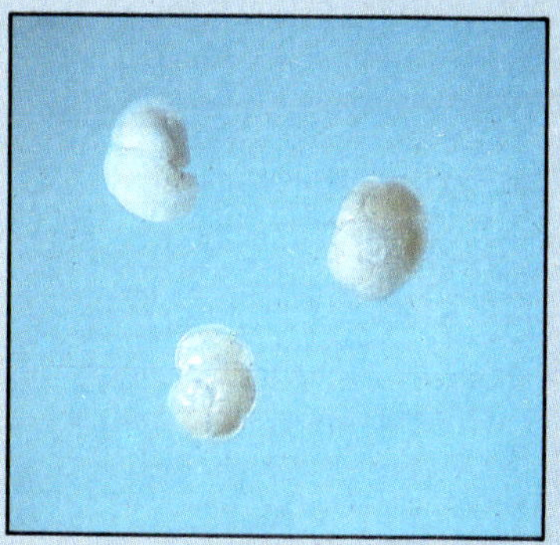

Globigerinen
(19x)

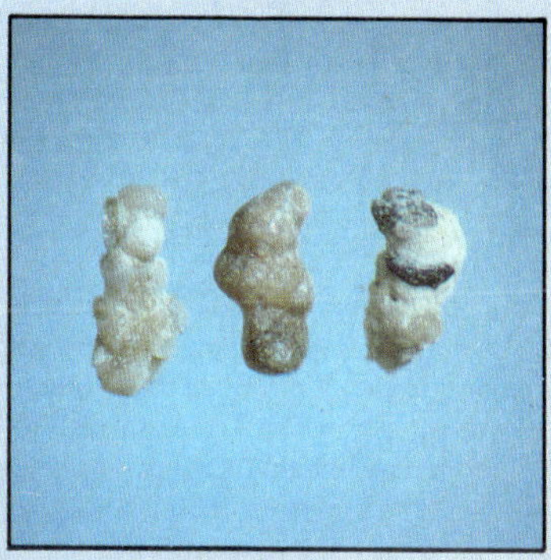

Textulariden
(14x)

Quinqueloculiniden
(14x)

Schwämme

Vielzellige Tiere mit kalkigem oder kieseligem Skelett, aus ein- oder vielstrahligen **Spiculae** zusammengesetzt, diese können isoliert oder zu einem steifen Netzwerk verwachsen sein. Man kennt solitäre und koloniebildende Gattungen. Vorkommen: Präkambrium bis rezent.

Schwämme mit kieseligem Skelett

Siphonia Diese Gattung gehört zu den Demospongien. Der Hauptteil des Körpers ist kugelförmig. Er besitzt eine deutliche, aber kleine bis mittelgroße, nach oben gerichtete Öffnung. Der Körper wird von einem langen dünnen Stiel getragen und hat eine tulpenähnliche Gestalt. Die Gattung ist in der Oberkreide Europas häufig. Sie reicht aus der höheren Unter-Kreide bis ins Tertiär und bleibt auf Europa beschränkt.

Doryderma Doryderma gehört wie Siphonia zu den Demospongien. Die großen Spiculae (Desmen) geben der Oberfläche eine klumpige Erscheinung. Das Skelett ist pflanzenförmig verzweigt. Die zahlreichen zylindrischen Äste sitzen auf einem schlanken Stiel. Jeder Ast hat seine eigene Öffnung oder **Osculum.** Doryderma reicht vom Karbon bis zum Ende der Kreide, bleibt aber immer auf Europa beschränkt.

Ventriculites Er gehört zur Gruppe der Hyalspongien oder Kieselschwämme. Das Skelett ist aus sechsstrahligen Spiculae aufgebaut, die zu einem steifen Gitterwerk verwachsen sind. Der Körper ist becherförmig und hat oben ein großes Osculum. Radiale, wurzelähnliche Strukturen verankerten *Ventriculites* im Substrat. Die Gattung kommt nur in europäischen Gesteinen der höheren Unterkreide und der Oberkreide vor.

Seliscothon (Laosciadia) Ein kleiner bis mittelgroßer Kieselschwamm, dessen Skelett aus glatten Spiculae und kurzstrahligen Desmen besteht. Es ist becher- oder trichterförmig. *Seliscothon* und seine Verwandten sind in Kreidesedimenten häufig. Die Gattung *Seliscothon* ist auf Europa beschränkt.

Entobia (Cliona) *Entobia* ist eine bohrende Demospongie. Die Weichteile werden von einer lederartigen Haut umschlossen, die Spiculae sind isoliert. In bestimmten Schichten sind die von diesem Schwamm erzeugten perlschnurartigen Hohlräume häufig, wenn sie verkieselt wurden. *Entobia* kommt weltweit vom Devon bis rezent vor.

Plocoscyphia Dieser hübsche Schwamm besteht aus sechsstrahligen Spiculae. Er ist mit *Ventriculites* verwandt, sein Skelett ist aus vielen zusammengerollten Röhren aufgebaut, welche sich so verzweigen, daß eine pflanzenähnliche Gestalt entsteht. *Plocoscyphia* ist in Europa vom Jura bis zur Kreide bekannt. Gutes Material findet man im Kreide-Mergel (kretazisch) der Insel Wight in England.

Siphonia
Doryderma
5 cm
Ventriculites
Seliscothon
Entobia
Plocoscyphia

Schwämme mit kalkigem Skelett

Corynella Dieser Schwamm besitzt ein Skelett aus dreistrahligen, stimmgabelförmigen Spiculae. Sie formen ein zylindrisches Gitterwerk mit gut ausgebildetem Osculum. Die Außenseite ist beulig, die Mehrzahl der Fundstücke ist jedoch glatt geformt. Die Art *C. quenstedt* kommt im Oberjura von Deutschland vor, und *C. foraminosa* ist in der Unterkreide von England häufig. *Corynella* tritt von der Trias bis zur Kreide auf. Sie wurde in Europa und Ostindien beobachtet.

Raphidonema Wie *Corynella* besitzt auch diese Gattung ein steifes Skelett aus dreistrahligen Spiculae. Beide gehören zur Familie Pharetronida. Das Skelett von *Raphidonema* ist aufrecht und becherförmig. Es gleicht einem auf der Spitze stehenden Kegel. Die Oberfläche ist rauh und beulig oder höckerig und große Poren werden sichtbar. *R. farringdonense* ist nach der Stadt Farringdon in England benannt, wo Schwämme häufig gefunden werden. Dieser Schwamm ist auf Europa beschränkt. Er reicht von der Trias bis zur Oberkreide.

Peronidella Dieser kleine bis mittelgroße Kalkschwamm ist aus mesozoischen Sedimenten Europas und Westindiens bekannt. Er ist ein koloniebildender Schwamm mit zahlreichen zylindrischen fingerähnlichen Säulen. Die Hauptöffnung, das Osculum, erscheint an der Spitze jeder Säule. Bei einigen Arten erheben sich die Säulen von einer gemeinsamen Basis und erzeugen einen organischen Eindruck. Schöne Exemplare sind aus dem Schwammschotter von Farringdon, der englischen Unterkreide, erhalten.

Oculospongia ist ein pharetronider Kalkschwamm. Dies zeigt sich in einem steifen Skelett mit aufrecht stehenden, oft kissenförmig gerundeten Zylindern. Die Hauptöffnung ist groß und tief. *Oculospongia* ist aus Sedimenten der Unterkreide Europas bekannt.

Porosphaera Dies ist ein kleiner, rundlicher Schwamm, dessen Poren und Oscula über die ganze Oberfläche verteilt sind. Unter dem Mikroskop erkennt man eine dornige Struktur. Viele Stücke finden sich in den kalkigen Kreidesedimenten. Die meisten sind klein und kugelförmig. *Porosphaera* ist aus der Kreide Europas bekannt, verwandte Gattungen sind jedoch weit verbreitet.

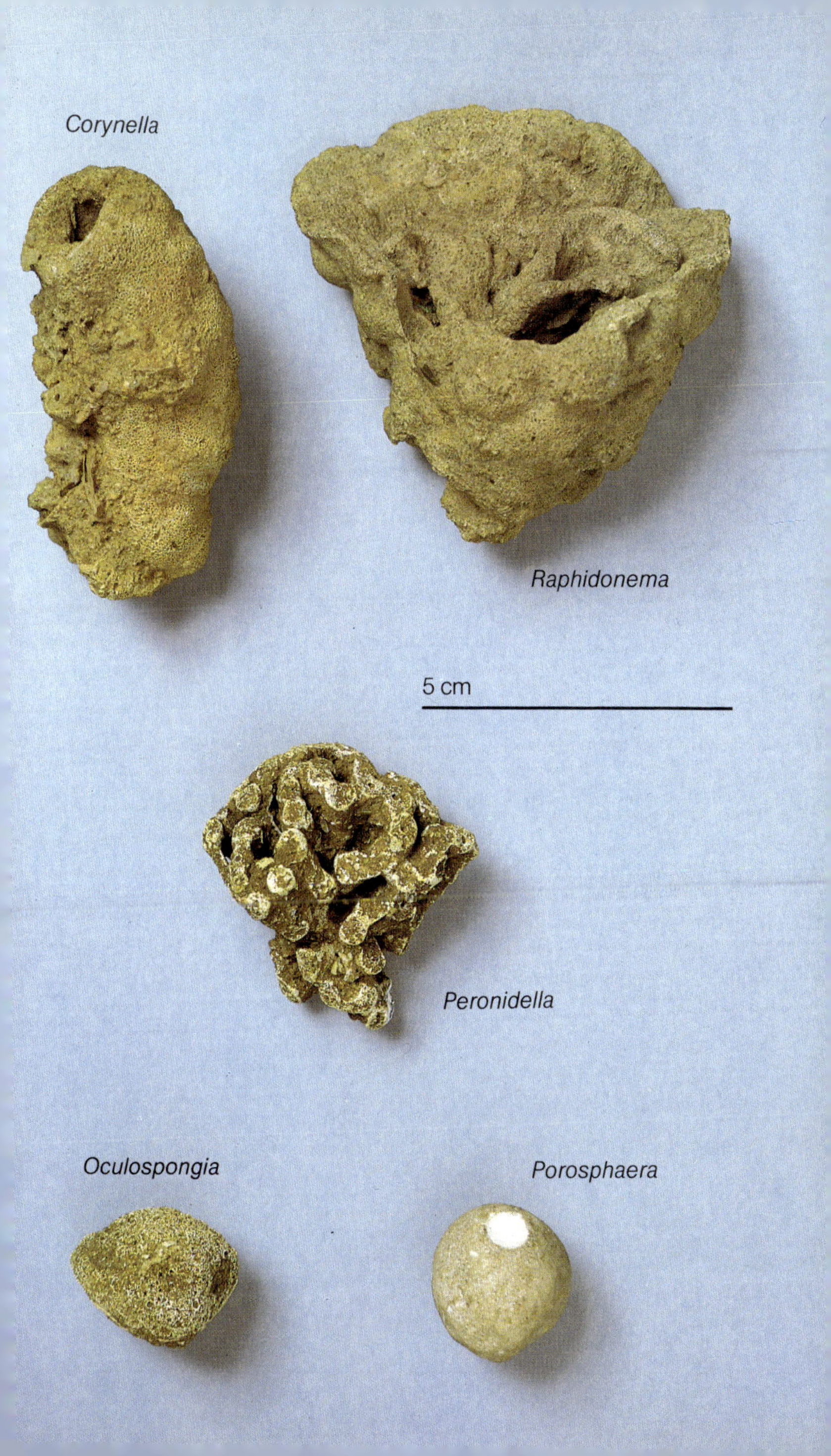
Corynella
Raphidonema
5 cm
Peronidella
Oculospongia
Porosphaera

Korallen

Diese marinen Tiere besitzen einen weichen polypartigen Körper ähnlich der Seeanemone. Sie scheiden kalkige, röhrenförmige Coralliten ab, aus denen sich bei den koloniebildenden Gattungen das **Corallum** zusammensetzt. Vorkommen: Ordovizium bis rezent.

Tabulate Korallen

Koloniebildende Korallen mit relativ wenig Skelettelementen. Septen schwach entwickelt; horizontale Tabulae in vielen Gattungen reichlich vorhanden. Kein zentrales Skelettelement. Auf paläozoische Gesteine begrenzt.

Favosites Eine koloniebildende Koralle mit schlanken Coralliten. Diese sind fünfeckig, haben kurze dornartige Septen und sind mit Poren verbunden. Die Tabulae sind stark entwickelt und stehen dicht übereinander. *Favosites* erscheint im mittleren Ordovizium und ist in silurischen Schichten häufig.

Aulopora Eine koloniebildende Koralle, die oft andere Organismen oder anorganische Flächen überkrustet. Die trompetenförmigen Coralliten sind kurz und leicht gebogen. Sie enthalten schwach entwickelte Septen. Sie bilden eine Kette, in der die Coralliten mit Kopf am Fuß verbunden sind. Vorkommen: Weltweit vom Silur bis zum Ende des Karbons.

Syringopora Die langen, zylindrischen, unregelmäßig verzweigten Coralliten von *Syringopora* bilden große Stöcke. Einige Arten besitzen 12 dünne Septen. Die zahlreichen Tabulae sind stark entwickelt. *Syringopora* reicht vom Silur bis ins Oberkarbon.

Heliolites Diese einzigartige tabulate Koralle besteht, ähnlich wie *Favosites,* aus großen Coralliten, von denen aber jeder von mindestens 12 kleinen Röhrchen umgeben wird. Die Coralliten haben kleine, stachelförmige Septen und gutausgebildete Tabulae. Zwischen den dünnwandigen Röhren kommen weitere horizontale Elemente vor. Sie sind im mittleren Paläozoikum weit verbreitet.

Thamnopora (Pachypora) Diese unübliche tabulate Koralle bildet massive aufrechte Stöcke. Sie werden von kurzen, dichtstehenden Coralliten aufgebaut, die sich regelmäßig verzweigen. Sie enthalten kleine, stachelförmige Septen und dünne Tabulae. *Thamnopora* kommt weltweit vor, vom frühen Silur bis zum Ende des Perm.

Halysites Diese tabulate Koralle ist unter dem Namen »Kettenkoralle« bekannt. Die Kolonie besteht aus vielen länglichen Coralliten, die an den Schmalseiten miteinander verwachsen sind. Die Oberfläche des Stockes zeigt ein Kettenmuster. Die einzelnen Coralliten haben einen ovalen Querschnitt und keine erkennbaren Septen, im Längsschnitt jedoch Tabulae mit leichter Wölbung. *Halysites* ist fast weltweit verbreitet, aber im wesentlichen auf das Silur beschränkt.

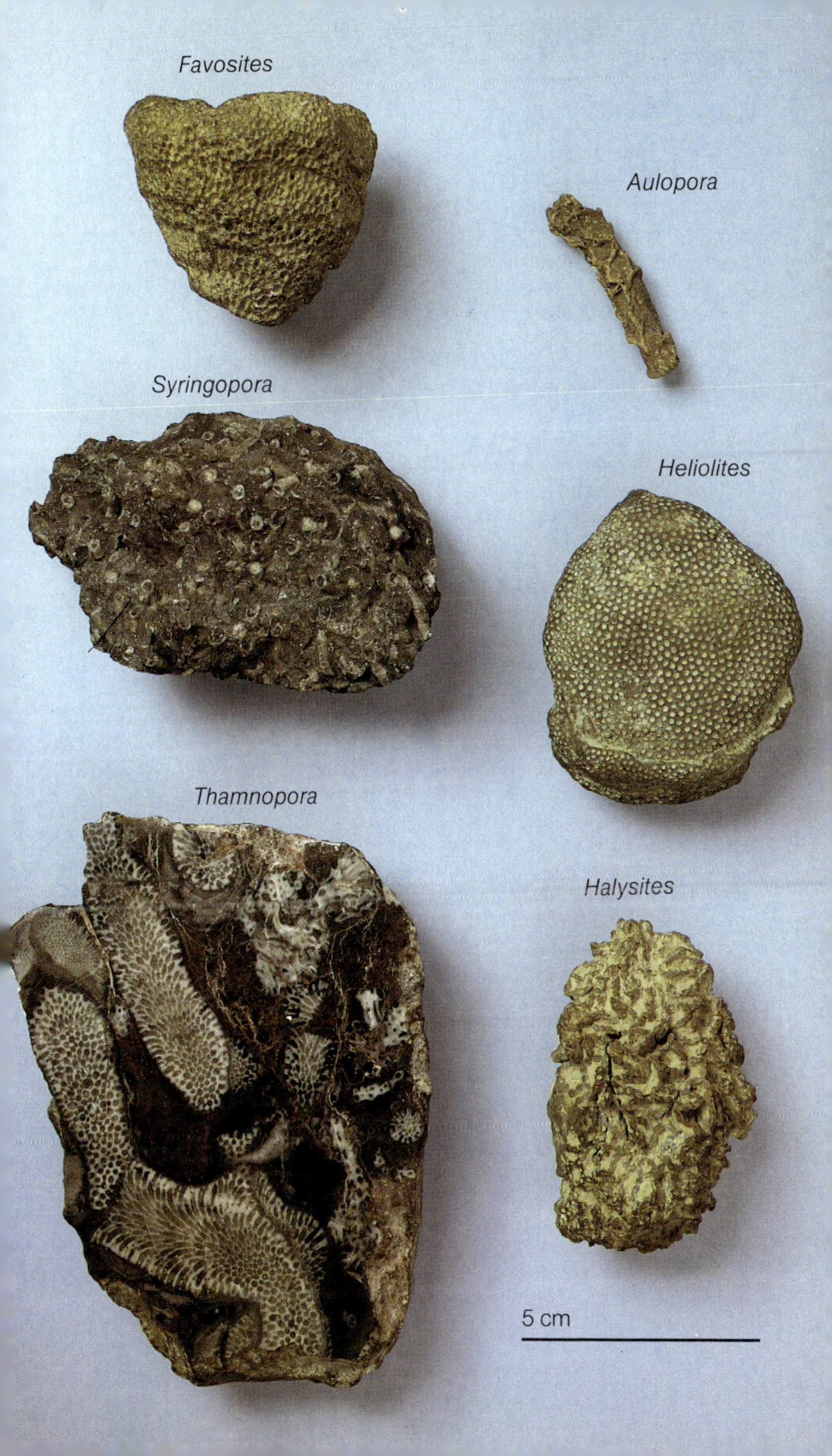
Favosites
Aulopora
Syringopora
Heliolites
Thamnopora
Halysites
5 cm

Rugose Korallen

Solitäre und koloniebildende Steinkorallen mit gut entwickelten Septen, Dissepimenten und Tabulae. Vorkommen: Ordovizium bis Perm, weltweit.

SOLITÄRE RUGOSE KORALLEN

Petraia Diese Koralle hat lange, dünne Septen, die bis zum Zentrum des Corallums reichen. Längere Hauptsepten und kleinere Nebensepten alternieren. Der Kelch ist schüsselförmig. *Petraia* hat wenig Tabulae und keine Dissepimente. Vorkommen: Oberes Silur in Europa, besonders an der Grenze zu Wales in England.

Zaphrentis Kleine bis mittelgroße Korallen der unterkarbonischen Flachmeerfauna. Der Corallit ist hornförmig und hat längliche Hauptsepten. Diese treffen sich unmittelbar vor dem Zentrum des Kelchs, so daß ein deutlicher Interseptalraum im Corallum entsteht. Sekundärsepten sind reduziert oder fehlen. Bei einigen Arten sind die Hauptsepten verkürzt. *Zaphrentis* und verwandte Gattungen sind aus dem Devon von Kentucky in USA und unterkarbonischen Kalken in Europa und Asien bekannt.

Caninia Eine große bis mittelgroße Koralle mit konischer bis zylindrischer Form. Die Außenseite des Corallums ist derb strukturiert und zeigt deutliche Wachstumslinien. Fundstücke im Adultstadium haben kurze und verbreiterte Septen. Dissepimente durchdringen das Corallum bis an die Außenseite und flache Tabulae sind zahlreich vorhanden. *Caninia* ist aus Europa, Nordamerika, Asien und Australien bekannt.

Dibunophyllum Wie *Caninia* ist dies eine große bis mittelgroße Solitärkoralle. Jedoch unterscheidet sie sich durch einen komplexen Achsialbereich. Er nimmt annähernd ein Drittel des Kelches ein und zeigt eine gewebeartige Struktur. Hinzu kommen viele Septen und Dissepimente. *Dibunophyllum* ist aus dem Unter-Karbon und mittelkarbonischen Schichten Europas, Nordamerikas und Nordafrikas bekannt.

Calceola Als Pantoffelkoralle bekannt, ist *Calceola* eine der einprägsamsten Solitärkorallen. Das kleine Corallum hat eine flache Unterseite. Es verengt sich stetig bis zu einer Spitze und ist in diesem Bereich leicht gebogen. Calceola hat ein deckelartiges Operculum. Der Kelch ist abgeflacht. Die Primärsepten der oberen und der Lateralkante sind länger als die an der unteren Kante. *Calceola* ist weltweit aus dem Unter- und Mittel-Devon bekannt. Schöne Exemplare sind aus Michigan (USA) und den belgischen Ardennen überliefert.

Goniophyllum Eine kleine Koralle mit quadratischem Querschnitt. Die Septen sind verdickt, und Dissepimente häufen sich an der Außenwand. *Goniophyllum* hat ein deckelartiges Operculum, das aus vier dreieckigen Platten zusammengesetzt ist. Die Gattung bleibt auf das Silur Europas beschränkt.

Petraia
Zaphrentis
Dibunophyllum
Calceola
Goniophyllum
5 cm
Caninia

KOLONIEBILDENDE RUGOSE KORALLEN

Hexagonaria Diese Koralle bildet große massive Stöcke aus. Die einzelnen Coralliten stehen dicht beieinander und berühren sich an allen fünf oder sechs Seiten. An den Hauptsepten gibt es kleine laterale Auswüchse (Carinae). Die Septen sind bis knapp an das Zentrum entwickelt und bei herauswitternden Stücken zeigt sich eine zentrale Grube. *Hexagonaria* kommt häufig in devonischen Flachwasserkalken vor. Sie ist weltweit verbreitet und reicht in Asien bis ins Karbon.

Lithostrotion Es handelt sich um die bekannteste karbonische Koralle. Weltweit kommen zahlreiche Arten vor. Die großen, massiven Kolonien sind häufig in unterkarbonischen Flachwasserkalken. Die Form der Stöcke variiert entsprechend der räumlichen Anordnung der Coralliten. Bei *L. junceum* sind sie zylindrisch und berühren einander nicht. Bei *L. basaltiformis* stehen sie dicht beieinander und sind vier- oder fünfseitig. Viele Arten sind durch eine zentrale stabförmige Erhebung charakterisiert. Die Septen sind verdickt und die Tabulae trichterförmig. *Lithostrotion* ist weltweit verbreitet. Überall in Europa ist gutes Material zu finden. In den USA kommen zahlreiche Arten in unterkarbonischen Sedimenten (Mississippian) von Montana, Kentucky und Missouri vor.

Lonsdaelia Obwohl *Lonsdaelia* oberflächlich *Lithostrotion* ähnelt, gibt es doch ausreichende Unterscheidungsmerkmale für die Geländearbeit. Beide bilden massige, dicht gepackte Stöcke mit eckigen Coralliten aus. Der zentrale Buckel ist bei *Lonsdaelia* durch ein großes Achsialelement ersetzt. Es wird von einer ringförmigen Vertiefung umgeben. Eine starke Außenwand, gut entwickelte Septen und Dissepimente sind vorhanden. *Lonsdaelia* ist in den kambrischen Sedimenten Nordamerikas, Asiens und Australiens verbreitet.

Acervularia Diese Gattung bildet mittlere bis massive Stöcke mit großen Coralliten (6 bis 15 mm Durchmesser). Sie sind oft viereckig und enthalten kleine jugendliche Coralliten. Dissepimente und Septen sind gut entwickelt. Die Begrenzung der äußerden Septen formt einen charakteristischen Ring um den Coralliten. *Acervularia* ist aus dem Silur Europas bekannt. *A. ananas* kommt im Wenlockium von England vor.

Phillipsastraea Eine koloniebildene Koralle, die zur selben Familie wie *Zaphrentis* gehört. Sie kommt in unterkarbonischen Sedimenten (Mississippian) vor. Dissepimente treten deutlicher als bei *Lithostrotion* hervor. Sie haben eine typische Hufeisenform.

5 cm
Hexagonaria
Lithostrotion
Lonsdaelia
Acervularia
Phillipsastraea

Scleractine Korallen

Mesozoische und känozoische Korallen, solitär oder koloniebildend, mit deutlich entwickelten Septen und Dissepimenten. Vorkommen: Weltweit von der Trias bis rezent.

SOLITÄRE SCLERACTINIA

Trochocyathus Diese kleine Solitärkoralle variiert in der Form vom umgekehrten Kegel bis zum schlanken Horn. Das Skelett wird von der Außenwand, der Epitheka, umschlossen. Primär- und Sekundärsepten sind gut entwickelt. Im Zentrum ist ein großer Komplex, die Columella, erkennbar. Verschiedene Arten von *Trochocyathus* werden in Wassertiefen von 35 bis 1500 m angetroffen. Erste Vertreter dieser Gattung stammen aus dem Ober-Jura. Sie ist weltweit verbreitet. Gutes Material findet man im Eozän von Kalifornien, USA.

Turbinolia Ebenfalls eine kleine Solitärkoralle, charakteristisch für das Eozän der USA (Kalifornien und Alabama) und Nordeuropas. Das Skelett ist hornförmig, die Primärsepten stark entwickelt. Ein weiteres Merkmal dieser Gattung ist die sternförmige Columella. Die Außenwand ist durch die Septen stark berippt. *Turbinolia* erscheint im Eozän und ist weltweit bekannt.

Montlivaltia Eine relativ große Solitärkoralle mit hornförmig bis zylindrischem Corallum. Die Außenwand ist sehr dünn und oft zerstört, so daß man die vertikalen Septenkanten erkennt. Die zahlreichen Septen zeigen oben eine gezähnte Struktur. *Montlivaltia* reicht von der Trias bis zur Ober-Kreide. Sie ist weltweit verbreitet. Gutes Material ist aus dem Ober-Jura von Deutschland und England, und aus der Ober-Trias der französischen Alpen bekannt.

Microbachia Diese keilförmige Solitärkoralle hat deutliche vertikale Rippen auf der Außenseite. Die Primärsepten sind gut entwickelt und verschmelzen fast mit der zentralen Columella. Die Sekundärsepten sind kurz. *Microbachia* ist eng verwandt mit *Turbinolia*. Rezente Arten leben auf dem äußeren Schelf. Sie bewohnen nicht das Riff, man nennt sie ahermatypische Korallen. Die Gattung ist seit dem Eozän weltweit bekannt. Schöne Fundstücke stammen aus dem Tertiär Europas und Nordamerikas.

Parasmilia Heutige Vertreter dieser kleinen Solitärkoralle leben in einer Wassertiefe von annähernd 325 m. Das Skelett verjüngt sich nach unten, vergrößert sich jedoch an der Basis zu einer Befestigungsscheibe. Jedes Corallum hat einen kreisförmigen Querschnitt und an der Außenwand eine körnige Struktur. Die Columella ist groß und porig. Die Septenkanten an der Außenfläche können stark entwickelt sein. *Parasmilia* ist seit der Kreide weltweit bekannt.

Trochocyathus
Turbinolia
Microbachia
Montlivaltia
Parasmilia
5 cm

KOLONIEBILDENDE SCLERACTINIA

Isastrea Eine massive koloniebildende Koralle, aus dicht gepackten Coralliten aufgebaut. Die Stöcke sind unverzweigt und gewöhnlich rundlich oder gewölbt. Die Coralliten sind dünnwandig und fünf- bis sechseckig. Bei einigen Arten durchbrechen die Septen die Wandung und verwachsen mit Septen angrenzender Coralliten. *Isastrea* hat viele Septen, eine Columella fehlt jedoch. Die Gattung reicht vom Mittel-Jura bis zur Kreide und kommt in Europa, Afrika und Nordamerika vor. Eine wichtige Fundstätte ist in jurassischen Schichten von Cloucestershire in England.

Thamnasteria Diese koloniebildende Koralle ist oft mit *Isastrea* vergesellschaftet. Der Stock ist gewöhnlich baumartig verzweigt. Die Coralliten sind klein bis mittelgroß. Ihre Begrenzung ist undeutlich, da die Außenwand fehlt und gegeneinander angrenzende Septen verwachsen sind. Eine Columella ist vorhanden. *Thamnasteria* war im Jura ein wichtiger Riffbildner. Sie reicht von der Trias bis zur Kreide und ist aus Nordamerika (Ober-Trias von Kalifornien), Europa (Jura von Gloucestershire, England), Südamerika und Asien bekannt.

Porites Dies ist eine relativ junge Gattung. Sie bildet massive verzweigte oder inkrustierende Kolonien aus und ist in den modernen Riffen zu finden. Die Coralliten sind klein und undeutlich begrenzt. Die wenigen Septen in den Coralliten sind kurz und dornig. Sie sind nicht mit dem Zentralelement verbunden. *Porites* ist seit dem Eozän bekannt und weltweit verbreitet.

Astrocoenia Eine massive koloniebildende Koralle mit Coralliten mittlerer Größe. Die Septen sind stark entwickelt, aber in ihrer Anzahl begrenzt. Die Außenwand ist bei vielen Arten undeutlich. *Astrocoenia* reicht vom Ober-Jura bis rezent und ist überall verbreitet. Schöne Fundstücke stammen aus der Unter-Kreide von Texas und dem Tertiär des Pariser Beckens.

Favia Diese charakteristische koloniebildende Koralle besitzt kleine bis mittelgroße Coralliten. Sie stehen dicht gedrängt und bilden einen säulen- oder scheibenförmigen Stock. Eine Wand aus porösem Gewebe, die von Auswüchsen der Septen durchquert wird, trennt sie. Einige der unterschiedlich langen Septen sind mit einem großen, porigen Zentralelement verwachsen. Dissepimente sind in dieser Gattung gut entwickelt. *Favia* erscheint in der Kreide und ist heute weltweit verbreitet.

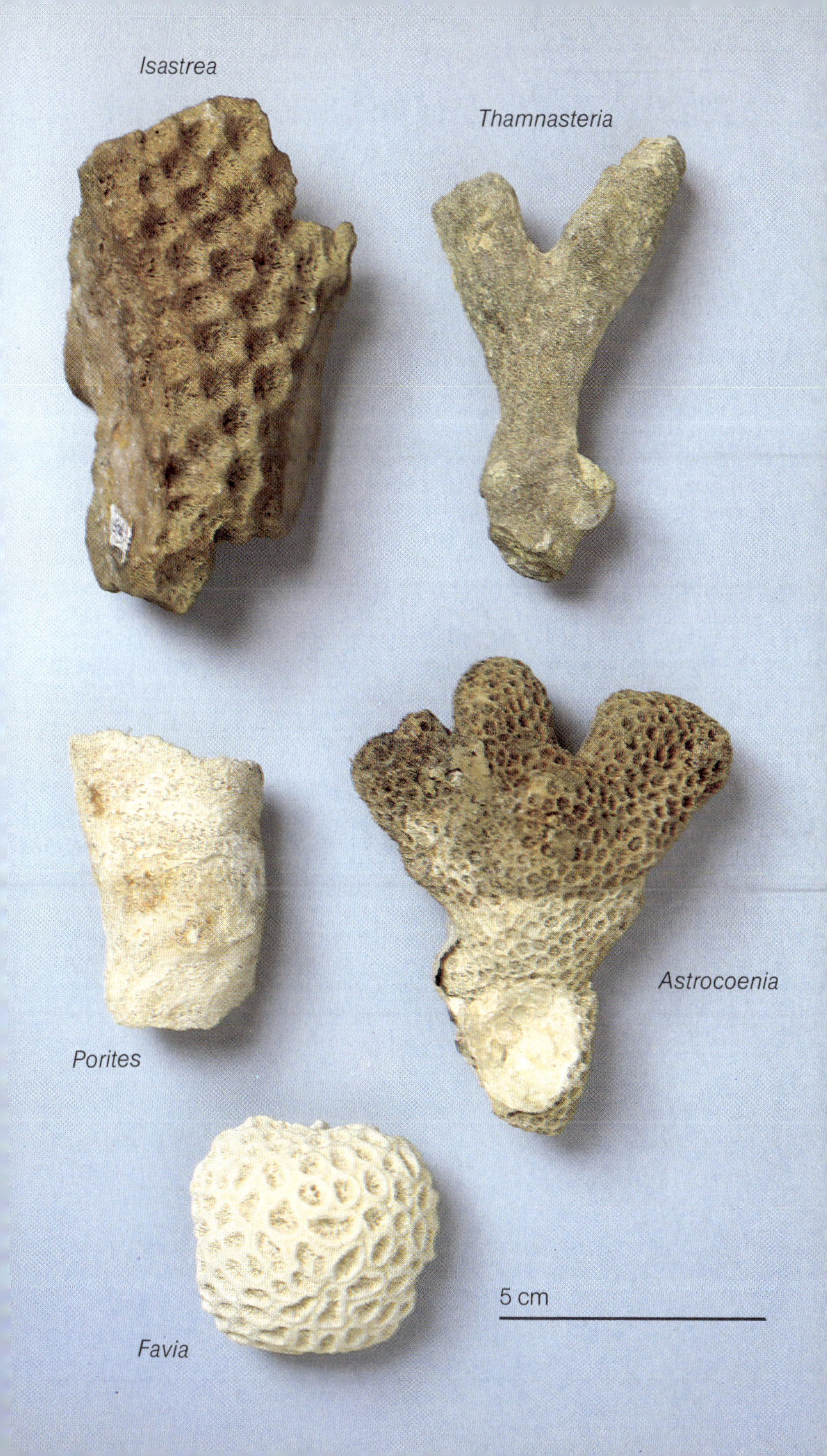
Isastrea
Thamnasteria
Porites
Astrocoenia
Favia
5 cm

Quallen, Hydrozoen und Stromatoporen

Außer den Korallen sind auch andere Vertreter vom Stamm Cnidaria fossil überliefert. Dazu gehören die Quallen, Hydrozoen und Stromatoporen.
Quallen sind medusenartige Tiere mit einem Weichkörper. Außer ihrem Abdruck oder Abguß im Sediment ist nichts erhalten. Trotzdem gehören sie zu den ältesten Fossilien, denn es besteht eine bemerkenswerte Ähnlichkeit zu den Überlieferungen aus der präkambrischen Ediacara-Formation in Australien. Die Gattung *Medusina* ist ein Vertreter dieser präkambrischen Fauna. Mit der Erhaltung der Weichteile als Abdruck in einem groben, sandigen Substrat ist diese Fossilisation einzigartig.
Im Gegensatz dazu ist das Skelett der Hydrozoen und Stromatoporen meist als dreidimensionales Gebilde erhalten. Auch entfernte Verwandte der Hydrozoen sind aus der Ediacara-Formation bekannt. Die Stromatoporen sind möglicherweise mit den lebenden Hydrozoen verwandt, aber ihre komplexe Struktur erschwert jeden Vergleich. Die Oberfläche einer Stromatoporenkolonie trägt oft Höcker oder Wölbungen, sogenannte **Mamelonen.** Diese sind von kleinen vertikalen Röhren durchzogen, welche in sternförmige Rillen, die **Astrorhizen,** münden. Einige Gattungen besitzen eine Säulenstruktur zwischen dünnen horizontalen Laminae oder Tabulae. Ein typischer Vertreter von Ordovizium bis Perm ist *Stromatopora.* Die Stromatoporen waren im Paläozoikum wichtige Riffbildner. Moderne Hydrozoen, die (z.B. *Millepora*) zu den Milleporiden und (z.B. *Astya)* zu den Stylasteriden gehören, sind ebenfalls wichtige Mitglieder der Riffgemeinschaft. Durch die Ausgestaltung ihrer vertikalen Röhren und Querböden gleichen sie oberflächlich den Korallen. Das Skelett ist dickwandig und Septen fehlen.
Die rote »Orgelkoralle« *Tubipora* ist Vertreter einer weiteren Gruppe von Cnidariern, den Octokorallen. Sie erscheinen in der Kreide und sind in der fossilen Welt nur spärlich vertreten. Ihr Skelett ist oft massig ausgebildet. Es besteht aus hornigen Coralliten mit eingelagerten kleinen, calcitischen Spiculae. Die kleinen Polypen der Octokorallen haben acht Tentakel.
Die »Seefedern« sind ebenfalls Octokorallen. Ihre Kolonien sind feder- oder strauchähnlich. Jeder Zweig trägt eine große Zahl von Polypen. Möglicherweise sind die Seefedern die ältesten aller Hydrozoen, denn die Gattung *Rangea* ist der Hauptvertreter aus den Sedimenten der Ediacara-Formation. Eine typische rezente Gattung ist *Pennatula.*

Medusina

Stromatopora
(1x)

Millipora

Astya

Pennatula

Tubipora

Bryozoen

Feingliedrige bis massive, koloniebildende Organismen. Die Skelette sind oft pflanzenartig verzweigt und besitzen kleine Röhren oder **Zooecien.** Vorkommen: Ober-Kambrium bis rezent.

Fenestella Diese Bryozoe kommt häufig in jungpaläozoischen Sedimenten vor. Das Skelett besteht aus vielen radialstrahlig auseinanderstrebenden schlanken Ästen, die durch dünne Querstreben oder Dissepimente miteinander verbunden sind. Jeder Ast ist mit den Öffnungen zahlreicher Zooecien besetzt. Das ganze Skelett ist fächer- oder trichterförmig. *Fenestella* kommt vom Ordovizium bis Perm in Europa vor. Die verwandte Gattung *Fenestrellina* ist im Karbon von Nordamerika zu finden.

Meandropora Diese Bryozoe bildet mittelgroße bis massive Kolonien, die schlanke rutenförmige bis stark verzweigte Röhren enthalten. Die ganze Kolonie erscheint als gerundete und kugelige Masse mit rauher Oberfläche. Schöne Exemplare von *Meandropora* sind in marinen Sanden in Ost-Anglia in England zu finden. In einigen Texten wird auch der Name *Fascicularia* verwendet, der die Form einer Rute beschreibt.

Archimedes Diese auffällige Bryozoe wird durch ihre Schraubenform charakterisiert. Ein Band von Ästchen ist um eine solide Schraubenspindel gewickelt. Die Ästchen gleichen denen von *Fenestella,* jedoch ist die Wendel durch die Abscheidung von zusätzlichem Skelettgewebe entstanden. Jedes Ästchen ist mit zwei Öffnungsreihen versehen. *Archimedes* ist aus Europa, Nordamerika und Asien bekannt und kommt in karbonischen und permischen Schichten vor. Die besten Exemplare stammen aus dem Karbon. Gute Stücke wurden im Unter-Mississippian im westlichen Illinois, USA, gefunden.

Berenicea Eine kleine cyclostomate Bryozoe mit inkrustierender Kolonie, deren meist kreisrunde Form aus dickwandigen Zooecien mit runder Apertura aufgebaut ist, die von einem Zentrum aus dichtständig radialstrahlig angeordnet sind. *Berenicea* reicht vom Ordovizium bis rezent. Gewöhnlich findet man sie inkrustierend auf jurassischen und kretazischen Muscheln, z.B. sehr zahlreich in der Schreibkreide von Nord-Europa.

Theonoa *Theonoa* kommt sowohl als aufrechte und verzweigte Kolonie als auch als rundliche Masse vor. Meistens sind die Kolonien jedoch massig, wobei deren große Hauptröhren durch poriges Gewebe getrennt sind. *Theonoa* ist ein Vertreter der Cyclostomata. Diese Gruppe ist am besten aus dem Paläozoikum und frühen Mesozoikum bekannt. *Theonoa* ist aus Gesteinen des Jura und der Kreide überliefert. Sie ist in ganz Nord-Europa verbreitet. Schöne Exemplare wurden im Schwamm-Schotter von Farringdon in Südengland gefunden.

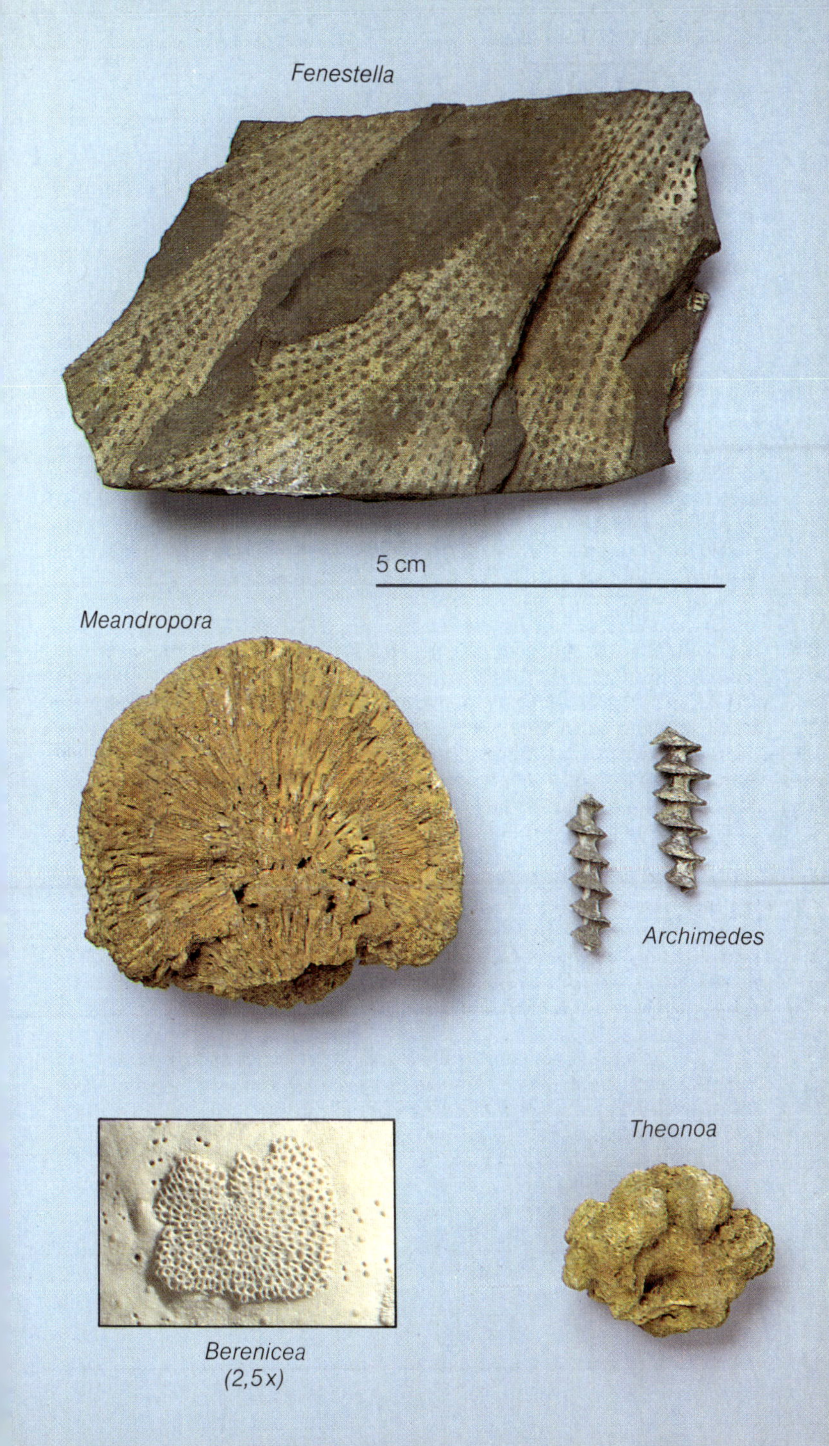
Fenestella
5 cm
Meandropora
Archimedes
Theonoa
Berenicea
(2,5x)

Brachiopoden

Ausschließlich marine Tiere mit ungleichklappiger Schale. Sie zeigt bilaterale Symmetrie und besteht aus Calcit oder ist chitinophosphatisch. Der Stamm ist in die beiden Klassen Inarticulata und Articulata unterteilt. Vorkommen: Kambrium bis rezent.

Inartikulate Brachiopoden

Die meisten inartikulaten Brachiopoden sind klein und haben einen runden undeutlichen Schloßrand. Zähne und Zahngruben fehlen, ebenso das Armgerüst zur Stützung des Strudelorgans. Die Schale ist gewöhnlich chitinophosphatisch, einige haben aber kalkige Schalen.

Orbiculoidea Ein kleiner Brachiopode mit chitinophosphatischer Schale und konzentrischen Wachstumslinien, die zeigen, daß das Wachstum rings um die gesamte Klappe erfolgte. Die Armklappe ist konisch bis subkonisch und trägt den Scheitel im Zentrum. Die Stielklappe ist flacher oder sogar konkav mit kurzem verschlossenem Stielloch. *Orbiculoidea* ist weltweit aus ordovizischen und permischen Gesteinen bekannt.

Lingula Die rezente *Lingula* lebt im brackischen Küsten- und Gezeitenbereich. Sie hat eine chitinophosphatische Schale in der typisch länglichen Form. Die beiden ungleichen Klappen zeigen feine Wachstumslinien und bilaterale Symmetrie. Der Schloßrand ist kurz und gebogen, im Inneren befinden sich einige deutlich umgrenzte Muskelfelder. *Lingula* und die paläozoische Verwandte *Lingulella* haben sich während ihrer Entwicklung nur schwach oder überhaupt nicht verändert. Beide kommen in den dunklen Schiefern des Alt-Paläozoikums vor. 500 Millionen Jahre umfaßt die Existenz von *Lingula,* vom Kambrium bis rezent. Sie ist weltweit verbreitet.

Crania Eine kleine rundliche Schale aus Calciumkarbonat. Da die Schale an anderen Organismen festgeheftet ist, hat sie kein Stielloch. *Crania* ist weltweit von der Kreide bis rezent verbreitet.

Acrothele Dieser kleine inartikulate Brachiopode hat eine halbkreisförmige Schale mit geradem Schloßrand. Die Armklappe ist flach oder schwach konvex. Die Oberfläche beider Klappen ist körnig und zeigt feine Wachstumslinien. Im Scheitel der Armklappe können zwei kurze Stachel auftreten. *Acrothele* ist aus dem Mittel-Kambrium von Europa, Nordamerika, Asien und Australien bekannt.

Lingula
Orbiculoidea
Lingulella
Crania
Acrothele
5 cm

Artikulate Brachiopoden

Brachiopoden mit kalkiger Schale. Der Schloßrand ist gut entwickelt, und viele Familien besitzen ein Armgerüst. Ist der Hinterrand der Schale zugleich der Schloßrand und bei beiden Klappen gleich lang, so spricht man von **strophischem** Gehäuse.

ORTHIDEN Ungleichklappige, bikonvexe Schalen, strophisch und berippt.

Heterorthis Schale annähernd rundlich. Die Stielklappe ist konvex, die Armklappe eher konkav oder flach. Die Schale ist mit feinen Radialrippen und konzentrischen Wachstumslinien besetzt. *Heterorthis* ist aus mittel- und oberordovizischen Sedimenten von Europa und Nordamerika bekannt.

Dinorthis Ein mittel- bis oberordovizischer Orthide mit rundlichem Gehäuse und breitem Schloßrand. Die Stielklappe ist konvex, die Armklappe konkav. Die Außenseite ist kräftig gerippt. *Dinorthis* kommt in Sedimenten des Mittleren Ordoviziums von Europa und Nordamerika vor.

Platystrophia Die Schale dieser Gattung ist ungewöhnlich groß für einen Orthiden. Sie ist bikonvex und hat einen nach innen gebogenen Schnabel. Eine starke Falte auf der Armklappe steht einer entsprechenden Furche auf der Stielklappe gegenüber. *Platystrophia* hat starke Rippen und viele konzentrische Wachstumslinien. Die Gattung hat große Ähnlichkeit mit einigen Spiriferiden. *Platystrophia* ist weltweit bekannt und wird in ordovizischen und silurischen Sedimenten von Europa und USA gefunden.

Dalmanella Ein kleiner bis mittelgroßer Orthide mit typischem, fast kreisförmigem Gehäuse. Die Armklappe der bikonvexen Schale ist mehr konvex als die Stielklappe. Die Klappen sind mit unterschiedlich starken Rippen besetzt. Am Rand der Schale sind konzentrische Wachstumslinien gut entwickelt. *Dalmanella* ist aus dem Ordovizium und Silur weltweit bekannt.

Dolerorthis *Dolerorthis* ist eng verwandt mit *Dalmanella.* Sie hat ein charakteristisch rundes Gehäuse mit starker Berippung. Der lange Schloßrand hat ein dreieckiges Stielloch. Deutliche Muskelfelder befinden sich im Innern. *Dolerorthis* bleibt auf unter- und mittelsilurische Sedimente Europas und Nordamerikas beschränkt.

Dicoelesia Dieser markante Orthide wird durch eine tiefe Einkerbung an der Vorderkante charakterisiert. Die Klappen sind manchmal glatt, aber oft mit feinen Rippen und konzentrischen Wachstumslinien versehen. *Dicoelesia* ist vom Ordovizium bis Devon weltweit bekannt.

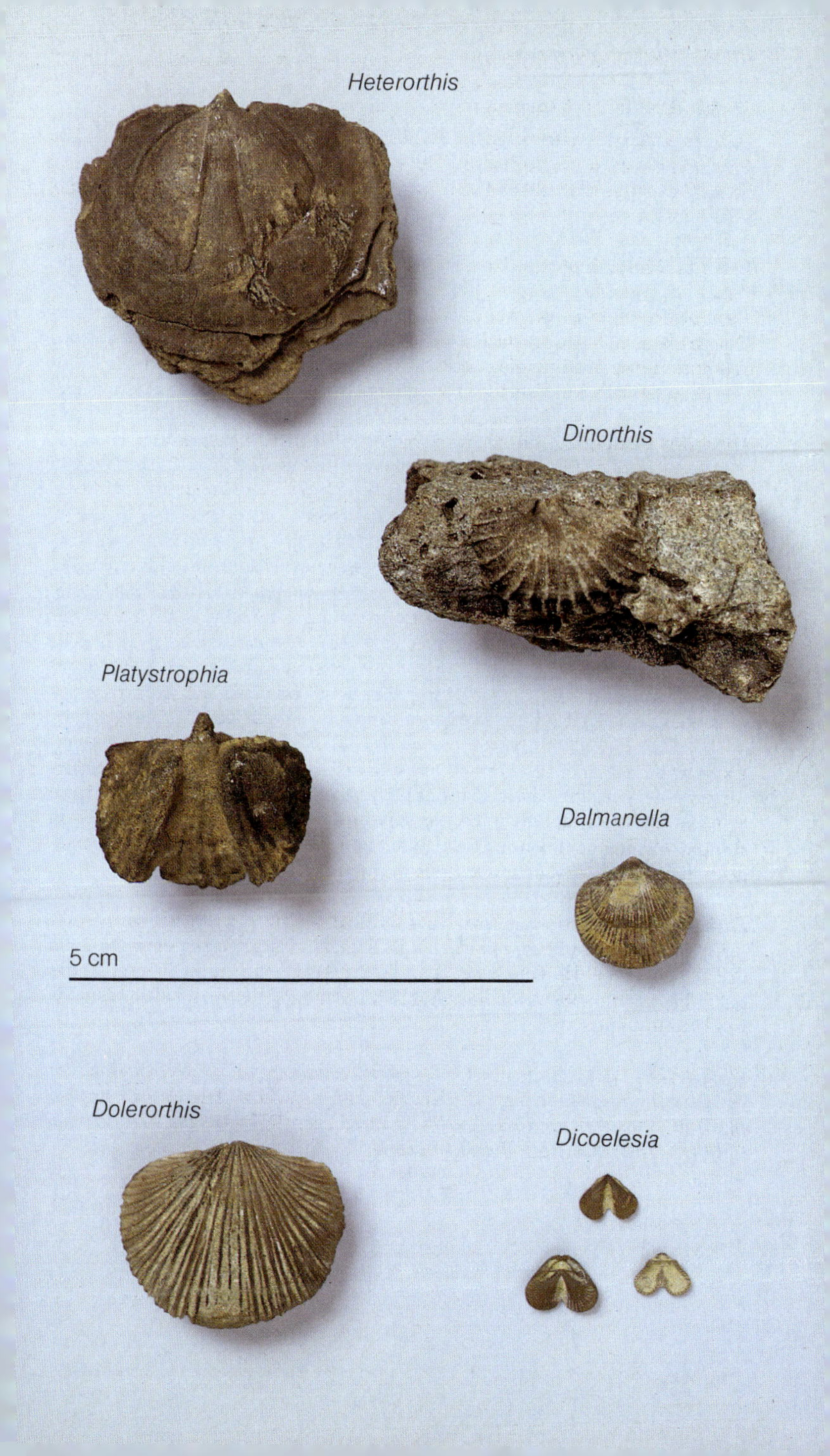
Heterorthis
Dinorthis
Platystrophia
Dalmanella
5 cm
Dolerorthis
Dicoelesia

RHYNCHONELLIDEN Kleine bis mittelgroße Brachiopoden. Bikonvex, gerundet, mit deutlicher Schnabelspitze und grober Berippung.

Tetrarhynchia Dieser kleine bis mittelgroße Brachiopode ist breiter als lang. Er ist annähernd dreieckig und hat nur einen kleinen, gerundeten Schnabel. Die grobe Berippung schwächt sich zum Schloßrand ab. Eine Falte in der Armklappe wird von einer entsprechenden Verbiegung in der Stielklappe begleitet. *Tetrarhynchia* kommt im Jura von Europa und Nordamerika vor.

Camarotoechia Dieser bekannte Rhynchonellide ist durch sein kleines Gehäuse und die subovale Form charakterisiert. Der Schloßrand ist rundlich. Die Stielklappe besitzt einen kleinen, nach innen gebogenen Schnabel. Die Schale hat eine typische Falte in der Armklappe und eine entsprechende Einkerbung in der Stielklappe. *Camarotoechia* ist aus dem Silur und Devon von Europa und Nordamerika bekannt.

Rhactorhynchia Ein mittelgroßer bis großer Rhynchonellide. Die Schale ist charakteristisch rund gewölbt und kräftig berippt. Die Stielklappe hat einen starken Schnabel und ein kleines Stielloch. Beide Klappen sind konvex. Die Kommissur zeigt eine schwach entwickelte asymmetrische Falte. *Rhactorhynchia* ist weltweit verbreitet, bleibt aber auf den Jura beschränkt und war ein Vertreter der Flachwasserfaunen in Europa und Nordamerika.

Sphaerirhynchia Ein kleiner bis mittelgroßer Rhynchonellide, der im wesentlichen aus dem Mittel-Silur Nordwesteuropas bekannt ist. Er hat ein kugeliges, rundlich bis kubisches Gehäuse, wobei die Front und die Seiten viereckig sind. Die Berührungslinie der Klappen – die Kommissur – ist schachtelartig gefaltet. Beide Klappen sind kräftig gerippt und die Stielklappe hat einen kleinen, aber gut entwickelten Schnabel. Bei verwitterten Stücken ist ein herausragendes Septum als Teil des inneren Skelettes zu erkennen. *Sphaerirhynchia* ist aus dem Devon bekannt.

Rhynchonella Das erste Fundstück der Typusgattung dieser Ordnung wurde 1809 benannt. Die Schale ist glatter als bei den meisten Rhynchonelliden und hat nur wenige große Rippen an der Vorderseite. Die Schale ist aufgewölbt und hat eine stark verfaltete Kommissur. Die Gattung ist aus dem Jura Europas, speziell aus Kalken und tonigen Kalken bekannt.

Cyclothyris Ein kleiner bis mittelgroßer Rhynchonellide mit exponiertem Schnabel. Viele Rippen gehen vom Schloßrand aus. Das Stielloch ist gut entwickelt. Die Kommissur ist schwach verfaltet. Die Schale ist breiter als lang. *Cyclothyris* kommt in der Unter-Kreide von Europa und Nordamerika vor.

Tetrarhynchia
Camarotoechia
Rhactorhynchia
Sphaerirhynchia
5 cm
Rhynchonella
Cyclothyris

PENTAMERIDEN Mittelgroße bis große Brachiopoden. Bikonvex, mit kurzem rundem Schloßrand. Im Schnitt zeigen die Pentameriden Befestigungselemente für Stützorgan und Muskelansätze. Sie »hängen« einerseits aus der Armklappe »herab« und »wachsen« andererseits von der Stielklappe »empor«. Das **Armgerüst** stützt das Strudelorgan, und am **Spondylum** in der Stielklappe setzen die Muskeln an. Beide Elemente streben zum Zentrum des Gehäuses und bilden eine Rhombenstruktur.

Conchidium Ein großer Brachiopode mit auffallend bikonvexer Schale. Die Stielklappe ist größer als die Armklappe. Der große Schnabel beugt sich über den Scheitel der Armklappe. Beide Klappen sind kräftig berippt. Die Kommissur ist gerade. *Conchidium* ist aus silurischen und devonischen Gesteinen bekannt. Es ist weltweit verbreitet und besonders häufig in Flachwasserkalken.

Pentamerus Einer der größten Pentameriden, der eine glatte, eher längliche Schale hat. Die Schale ist auffallend bikonvex. Die Stielklappe hat einen exponierten Schnabel. Das Innere wird durch ein stark entwickeltes Stützorgan unterteilt, was oft beim Sammeln zum Zerfall der Schale führt. *Pentamerus* ist nur aus dem Silur bekannt. Häufig vertreten ist er an der Grenze zu Wales in England und in Illinois, USA.

Gypidula Dieser kleine bis mittelgroße Pentameride ist ein gängiges Fossil in silurischen und devonischen Kalksteinen. Die Schale ist bikonvex und länglich bis rundlich. Starke Rippen und konzentrische Wachstumslinien können auftreten. Die Kommissur ist verfaltet und stärker gezackt als bei *Pentamerus* und *Conchidium*. Die Stielklappe trägt einen großen Schnabel. *Gypidula* ist aus dem Silur und Devon der Nordhalbkugel und speziell aus dem Devon der Oststaaten der USA bekannt.

Stricklandia Ein großer Pentameride mit glatter, rundlicher bis länglicher Schale. Sie ist mittelmäßig konvex. Die Kommissur ist schwach verfaltet. Das Armgerüst ist recht groß. Die verwandte Gattung *Costistricklandia* ist stark berippt. Beide kommen im europäischen und nordamerikanischen Silur vor. *Stricklandia* ist aus Schichten des Llandoveriums an der Grenze zu Wales, England, und den Appalachen, USA, bekannt.

Conchidium
Gypidula
Pentamerus
5 cm
Stricklandia

TEREBRATULIDEN Bikonvexe Brachiopoden ohne strophischen Schloßrand. Rundlich bis länglich mit stark entwickeltem Schnabel und Stielloch in der Stielklappe. Schalen gewöhnlich glatt, selten gerippt. Armgerüst schlingenförmig. Vorkommen: Unter-Devon bis rezent.

Gibbithyris Dieser Brachiopode hat eine kleine, glatte, stark bikonvexe Schale. Er ist rundlich und erscheint aufgebläht. Die Oberfläche trägt zusammengedrängte deutliche Wachstumslinien. Die Stielklappe hat eine kleine, aber gut entwickelte Stielöffnung. Die Kommissur ist langwellig gefaltet. *Gibbithyris* ist aus der Ober-Kreide von England bekannt.

Terebratula Auf dieser Typusgattung wurde die Ordnung Terebratulida aufgebaut und 1776 erstmals benannt. *Terebratula* ist ein mittelgroßer bis großer Brachiopode mit bikonvexer, glatter Schale. Sie ist zum vorderen Rand hin aufgebläht und trägt konzentrische Wachstumslinien. Sie ist ungefähr birnenförmig und hat ein exponiertes Stielloch. Die Basis der Schloßzähne ist verbreitert und das Armgerüst ist dreieckig. *Terebratula* kommt im Miozän und Pliozän Europas vor, obwohl verwandte Gattungen bis in die Trias zurückverfolgt wurden. Er ist weltweit verbreitet.

Dielasma Diese Gattung ist ein typischer Vertreter dieser Familie von kleinen bis großen Terebratuliden. Die Schale ist glatt und hat eine breite Dorsalfalte und ventrale Furche. Die Armklappe hat einen nach innen gebogenen Schnabel. Beide Klappen zeigen konzentrische Wachstumslinien. Das Armgerüst hat die Form einer kurzen Schleife. *Dielasma* ist weltweit vom Karbon bis Perm bekannt.

Dictyothyris Ein kleiner bis mittelgroßer Brachiopode mit charakteristischer Schale. Die Vorderkante ist W-förmig. Eine schöne Skulptur von radialen feinen Rippen und konzentrischen Wachstumslinien ergibt ein schuppiges Muster. Der Schnabel ist kurz und gebogen. *Dictyothyris* ist aus dem Mittel- und Ober-Jura Europas bekannt.

Stringocephalus Ein großer, dickschaliger Terebratulide mit kugeligem oder linsenähnlichem Gehäuse. Er hat einen großen, spitzen Schnabel mit dreieckigem Stielloch. Das Armgerüst besteht aus einer großen Schleife mit einwärts gerichteten Stachelfortsätzen. *Stringocephalus* ist ein einzigartiges Fossil. Er bleibt auf mitteldevonische Sedimente Europas, Nordamerikas und Asiens beschränkt.

Sellithyris *Sellithyris* ist aus England, Frankreich, Belgien und Deutschland bekannt. Sie ist aus Sedimenten der Kreidezeit überliefert, und man findet sie speziell auf der Insel Wight in England. Sie ist ein kleiner bis mittelgroßer Terebratulide mit glatter, mittelmäßig bikonvexer Schale. Die Kommissur ist von zwei charakterischen Falten versetzt. An der Spitze des Schnabels befindet sich ein rundes Foramen.

Gibbithyris
Terebratula
Dielasma
Dictyothyris
5 cm
Stringocephalus
Sellithyris

STROPHOMENIDEN Eine vielgestaltige, langlebige Gruppe artikulater Brachiopoden mit langem strophischem Schloßrand. Die Gehäuse sind **plan-konvex** bis **konkav-konvex,** doch kommen auch einige bikonvexe Gattungen vor. Die Stielöffnung ist bei den meisten Formen geschlossen. Mit Hilfe von Berippung, Stacheln und anderen Merkmalen lassen sich einige Unterordnungen abgliedern.

Sowerbyella *Sowerbyella* hat einen langen geraden Schloßrand und eine Skulptur mit feinen radialen Rippen. Das Gehäuse ist halbkreisförmig. Man findet sie oft als Steinkerne. Diese zeigen zwei große Kiele zur Befestigung der Muskeln. Die Armklappe ist konkav, die Stielklappe konvex. *Sowerbyella* ist im Ordovizium und Unter-Silur weltweit verbreitet.

Kjaerina Ein mittelgroßer Brachiopode mit konkaver Armklappe und konvexer Stielklappe. Die halbkreisförmige Schale trägt typische Zuwachsstreifen und radiale Berippung, die zum Schloßrand hin abnimmt. Charakteristisch ist ein kielartiger Rücken in der Mittellinie. *Kjaerina* und die verwandte Gattung *Rafinesquenina* sind aus dem Mittleren und Oberen Ordovizium von Europa und Amerika bekannt. Kjaerina kommt in mittelordovizischen Sedimenten des Staates New York, USA, vor.

Stropheodonta (Strophodonta) Diese Gattung hat wie *Leptaena* und *Sowerbyella* eine konkav-konvexe Schale. Sie ist länger als breit, aber ebenfalls halbkreisförmig. Der strophische Schloßrand hat innen eine Reihe von senkrechten Rillen. *Stropheodonta* ist kräftig radial berippt. Sie ist weltweit vom Oberen Ordovizium bis Ober-Devon verbreitet.

Leptaena Wahrscheinlich eine der bekanntesten Strophomeniden, besitzt eine konkave Armklappe und eine konvexe Stielklappe. Die Kommissur ist zu einem L-förmigen Profil verbogen. Feine radiale Rippen und kräftige Wachstumsstreifen kennzeichnen die Schale. *L. rhomboidalis* ist aus dem Ober-Silur des Waliser Grenzgebietes in England und wahrscheinlich aus dem Mittel-Devon von Michigan in USA bekannt. Die Gattung *Leptaena* ist weltweit bekannt. Sie reicht vom Mittleren Ordovizium bis zum Devon.

Productus Diese Gattung vertritt eine mannigfaltige Gruppe von Strophomeniden. Zu den Productiden gehört auch der größte und seltsamste aller Brachiopoden: *Gigantoproductus* erreichte eine Größe von 15 cm. *Productus* selbst ist ein kleiner bis mittelgroßer Brachiopode mit halbkugelförmigem Gehäuse. Die Stielklappe ist stark konvex, die Armklappe konkav oder deckelartig. Äußerlich können schwache Berippung, Knoten oder Stacheln auftreten. Er ist aus karbonischen Sedimenten Europas und Asiens überliefert. Verwandte Gattungen sind aus Nordamerika recht gut bekannt (z.B. *Linoproductus* aus dem Pennsylvanian, also Ober-Karbon von Oklahoma).

Sowerbyella
Kjaerina
Stropheodonta
Leptaena
5 cm
Productus

SPIRIFERIDEN Es handelt sich um besondere Brachiopoden, deren Schale meist breiter als lang ist und flügelartige Enden besitzt. Die Gehäuse sind strophisch und gewöhnlich bikonvex mit starker Berippung und tiefen Falten. Das Armgerüst besteht aus einer paarigen Spirale, die bis in die Flügelenden reicht. Frühe Gattungen, wie *Meristina,* haben rundliche Formen. Vorkommen: Mittleres Ordovizium bis Jura.

Meristina Ein früher Spiriferide mit bikonvexem Gehäuse. Die Schale ist länger als breit. Der gut entwickelte Schnabel an der Stielklappe ist bei den älteren Individuen gerade. Beide Klappen sind glatt und zeigen nur schwache Wachstumslinien. Die Kommissur ist schwach verfaltet. *Meristina* kommt in silurischen und devonischen Sedimenten vor. Schöne Exemplare werden in silurischen Kalken des Ludlow von Shropshire, England, und im Ober-Silur von Indiana, USA, gefunden.

Atrypa Wie *Meristina* gehört diese Gattung zu den frühen, eher untypischen Spiriferiden. Sie hat eine bikonvexe, jedoch etwas abgeflachte, beinahe kreisförmige Schale. Der Schloßrand ist nicht strophisch, der Schnabel klein. *Atrypa* hat eine starke Skulptur von konzentrischen Wellen und quer dazu zahlreiche feine radiale Rippen. Die Kommissur ist schwach verfaltet. *Atrypa* ist im Silur und Devon weltweit verbreitet.

Mucrospirifer *Mucrospirifer* ist ein schönes Beispiel für einen »geflügelten« Spiriferiden mit breitem Schloßrand. Das Gehäuse läuft nach beiden Enden spitz zu. Im Zentralbereich ist es bikonvex und hat eine starke Falte mit entsprechender Einkerbung. Die Skulptur besteht aus kräftigen Rippen. *Mucrospirifer* bleibt auf das Devon beschränkt, ist aber weltweit verbreitet.

Cyrtospirifer Ein bikonvexer, mittelgroßer Brachiopode. Der Schloßrand entspricht der maximalen Breite der Schale. Die Kommissur zeigt eine starke Falte, die sich zum Schloßrand hin zuspitzt. Die Skulptur besteht aus radialer Berippung. Reife Exemplare haben einen gut entwickelten einwärts gebogenen Schnabel. Die Gattung ist aus oberdevonischen und unterkarbonischen (Mississippian) Sedimenten bekannt. Sie kommt häufig in devonischen Kalken von Belgien vor.

Spirifer Ein bikonvexer Brachiopode mit breitem Schloßrand. Die Schale ist halbkreisförmig bis halbelliptisch. Die Kommissur ist schwach verfaltet. Der gut entwickelte Schnabel ist einwärts gebogen. Die Skulptur besteht aus radialen Rippen und konzentrischen Wachstumsstreifen. Das Armgerüst besteht aus einer paarigen Spirale. *Spirifer* ist nur aus dem Karbon bekannt und weltweit verbreitet.

Composita Dieser kleine bis mittelgroße Brachiopode hat eine bikonvexe Schale. Da das Gehäuse länger als breit und glatt ist, gleicht er oberflächlich einem Terebratuliden. Eine dorsale Falte und ventrale Einkerbung sind vorhanden. Die Stielöffnung ist gut entwickelt. *Composita* ist aus dem Jung-Paläozoikum von Europa, Nordamerika und Australien bekannt.

Meristina
Atrypa
Cyrtospirifer
Mucrospirifer
5 cm
Spirifer
Composita

Mollusken

Diese Gruppe von Invertebraten umfaßt die Chitonen, Gastropoden, Scaphopoden, Bivalven und Cephalopoden. Vorkommen: Kambrium bis rezent.

Gastropoden

Mollusken mit einteiligem, gewöhnlich **planspiral** oder **trochospiral** aufgerolltem, ungekammertem Gehäuse. Vorkommen: Kambrium bis rezent.

ARCHAEOGASTROPODEN Diese Gastropoden haben entweder plan- oder trochospiral aufgerollte Gehäuse. Ein Ausguß oder Siphonalkanal fehlt, ein Schlitz ist aber häufig vorhanden. Vorkommen: Kambrium bis rezent.

Bellerophon Ein kleiner bis großer Gastropode mit breiter Schale. Das Gehäuse ist bilateral symmetrisch und hat einen Schlitz am vorderen Rand der Mündung (Apertura). Bei den meisten Stücken ist der Schlitz stufenweise verfüllt und als deutliches Schlitzband erhalten. Der Mündungsrand ist nach außen gebogen. *Bellerophon* ist weltweit aus Silur und Trias bekannt.

Poleumita *Poleumita* hat ein flach aufgerolltes Gehäuse. Sie trägt eine knotige Rippe auf der Mitte der Windung. Hinzu kommt eine feine Skulptur radialer Lamellen. Die Form der Mündungskante wechselt, ist jedoch gewöhnlich kantig. *Poleumita* bleibt auf silurische Sedimente Europas und Nordamerikas beschränkt.

Pleurotomaria *Pleurotomaria* hat eine konisch spiralige Schale mit großem Apikalwinkel. Die große Mündung wirkt oftmals etwas abgeflacht. Auf der Außenlippe befindet sich ein hervorstehender Schlitz. Die Umgänge wachsen bis zur Mündung allmählich an, und das Gehäuse wirkt leicht asymmetrisch. *Pleurotomaria* kommt in jurassischen und kretazischen Sedimenten weltweit vor.

Euomphalus Diese gut bekannte Gattung ist der verwandten Form *Strapolus* aus devonischen und permischen Schichten sehr ähnlich. *Euomphalus* hat eine schöne längsgestreifte Skulptur, die sich über die Flanken aller Windungen zieht. Die Gattung ist vom Silur bis Perm in Europa und Nordamerika verbreitet.

Trochus *Trochus* ist ein mittelgroßer Gastropode mit konischem Gehäuse und kleinem Apikalwinkel. Die Mündung ist mehr oder weniger ventral gelegen und die Innenlippe verdickt. Charakteristisch ist eine körnige Skulptur. Die Windungsflanken sind abgeflacht. *Trochus* ist vom Miozän bis rezent weltweit verbreitet.

Diodora Ein kleiner bis mittelgroßer Gastropode mit konischem, napfförmigem Gehäuse. Neben dem Apex befindet sich eine kleine Öffnung. Die Skulptur der Schale besteht aus radialen groben Rippen, gequert von konzentrischen Wachstumsstreifen. Diese Art von Skulptur nennt man cancellat. *Diodora* erscheint in der Ober-Kreide und ist in Nordamerika, Südamerika, Afrika und Australien verbreitet.

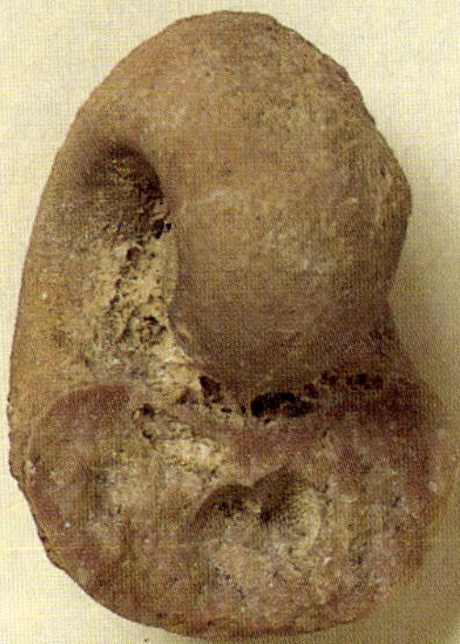

Bellerophon

Poleumita

Pleurotomaria

Euomphalus

5 cm

Trochus

Diodora

MESOGASTROPODEN Die Schale dieser Hauptgruppe von Gastropoden variiert beträchtlich in Größe und Gestalt. Viele Arten haben an der Mündung einen exponierten **Siphonalkanal.** Die Schalen können glatt oder stark skulpturiert sein. Vorkommen: Ordovizium bis rezent.

Cerithium *Cerithium* hat ein schlankes, getürmtes Gehäuse mit spitzem Apikalwinkel. Eine auffallende Knotenrippe zieht über die zahlreichen Windungen. Weitere vertikale Rippen und spiralige Wachstumsstreifen ergänzen die Skulptur. Die Mündung ist relativ klein und zerfurcht. *Cerithium* ist häufig in tertiären Gesteinen des Pariser Beckens, in Texas, USA und seit der Kreide weltweit verbreitet.

Turritella Diese Gattung hat, wie der Name sagt, ein aufgetürmtes Gehäuse mit spitzem Apikalwinkel. Die Wendel wird von vielen Umgängen aufgebaut. Die Windungsflanken sind abgeflacht oder leicht gerundet. Je nach Art sind sie glatt oder mit spiraligen Rippen und Wachstumsstreifen versehen. Der jüngste Umgang ist nur wenig größer als der vorige. Die Mündung ist nicht zerfurcht. *Turritella* ist seit dem Eozän weltweit verbreitet.

Strombus Eine mittelgroße Form mit aufgetürmtem Gehäuse. Die Mündung ist länglich, und bei adulten Exemplaren sind die Lippen tendenziell verbreitert. *Strombus* ist ein Pflanzenfresser im flach marinen Bereich und ernährt sich von rotem Seetang. Er lebt heute an den Stränden von Florida, USA und Afrika. Knoten und Rippen schmücken die bunte Schale. *Strombus* erscheint in der Kreide und ist auf der ganzen Welt vertreten.

Aporrhais *Aporrhais* ist mit *Strombus* verwandt und hat ein aufgetürmtes Gehäuse. Es wird von einem welligen, oft dornigen Flügel begleitet, der von der Außenlippe ausgeht (Pelikanfuß). Der Apikalwinkel ist spitz, und die Windungen sind außen gerundet. Vielfach kommt ein keckes Ornament von vertikalen Rippen und kräftigen Knoten hinzu. Auf dem Mündungsflügel und der Außenlippe lassen sich feine Wachstumslinien beobachten. *Aporrhais* gräbt flach im Sediment. Sie ist erstmals aus jurassischen Sedimenten bekannt und lebt heute im Nordatlantik. Früher war sie weltweit verbreitet.

Natica Diese räuberische Schnecke bohrt in Schalen und hat ein kugeliges bis konisches Gehäuse mit großem Apikalwinkel. Es ist klein bis mittelgroß. Der letzte Umgang ist wesentlich größer als die anderen. Die Schale und der Mündungsrand sind glatt. *Natica* ist seit der Trias weltweit verbreitet.

Cypraea Eine kleine bis mittelgroße Schnecke mit charakteristischem mittelgroßen Gehäuse. Der letzte Umgang ist stark vergrößert und umschließt alle inneren Windungen. Die längliche Mündung hat oft eine gezähnte Außenlippe. Die Schale ist glatt und glänzend. Seit der Kreide ist sie weltweit verbreitet. *Cypraea* und ihre Verwandten sind als »Kauri-Muscheln« bekannt.

Cerithium
Turritella
Strombus
Aporrhais
5 cm
Natica
Cypraea

NEOGASTROPODEN Gastropoden mit zahlreichen Schalentypen; der Siphonalkanal ist oft eine herausragende Erscheinung. Vorkommen: Kreide bis rezent.

Rimella Ein kleiner bis mittelgroßer Gastropode mit spindelförmigem Gehäuse. Die Spitze ist langgestreckt, der Apikalwinkel eng. Eine Analrinne führt von der Mündung direkt zum Apex. Sie ist an die Windungen festgeheftet und erstreckt sich ventral zwischen Innen- und Außenlippe. Die enge Mündung hat verdickte Lippen. *Rimella* ist stark skulpturiert mit vertikalen Rippen und spiraligen Streifen. Sie ist seit dem Eozän weltweit in Flachmeeren verbreitet.

Athleta (Voluta) Aus tertiären Schichten ist *Athleta* als dickschalige Schnecke mit niedrigem Gewinde gut bekannt. Der letzte Umgang ist sehr groß und hat eine zum Siphonalkanal hin verlängerte Mündung. Auf den Windungsflanken stehen kurze vertikale Stacheln oder kräftige Knoten. Diese sind über die Umgänge hinweg zu starken vertikalen Rippen verbunden. *Athleta* hat eine enge Mündung. Die Innenlippe trägt einen dünnen Callus und ist im tieferen Bereich charakteristisch zerfurcht. Die Gattung ist seit dem Tertiär weltweit verbreitet.

Conus Ein Gastropode mit flacher bis konischer Spitze und unterschiedlicher Größe. Der große letzte Umgang hat eine langgestreckte schmale Mündung mit parallelen Seiten. Das obere Ende ist durch eine deutliche Furche gekennzeichnet. Die Skulptur wechselt, jedoch ist sie gewöhnlich auf spiralige Rillen und feine Rippen beschränkt. Conus erscheint in der Kreide. Er ist auf Flachmeere begrenzt und weltweit bekannt.

Murex *Murex* ist eine große bis mittelgroße Schnecke mit drei kräftigen Rippen auf jedem Umgang. Dazu kommen Stachel und spiralige Rippen. Die kleine Mündung hat einen stark entwickelten Siphonalkanal. Die Außenlippe ist zu einer stacheligen Rippe vergrößert. *Murex* ist weltweit ab der Kreide verbreitet.

Voluta Viele Arten, die früher zur Gattung *Voluta* gestellt wurden, sind später zur Gattung *Athleta* umbenannt worden. Beachten Sie deshalb bei der Benennung Ihrer Stücke aktuelle Literatur und Fachzeitschriften. Von einem »voluten« Gehäuse spricht man jedoch immer noch bei vielen Schalen mit Knoten und Rippen auf der Windungsflanke und vertikalen Rippen auf dem letzten Umgang. Die langgestreckte Mündung hat einen Siphonalkanal. Die Volutiden erscheinen in der Kreide und sind wichtige Vertreter der tertiären Fauna.

Neptunea Diese robuste Form hat eine große Abschlußwindung und eine langgezogene Spitze. Die Umgänge sind rund und im wesentlichen glatt. Die Flanken sind abgeschrägt, und die Sutur zwischen den Windungen ist stark gezähnt. Die ovale Mündung hat einen kurzen Siphonalkanal und eine verdickte Innenlippe. *Neptunea* ist seit dem Eozän weltweit verbreitet.

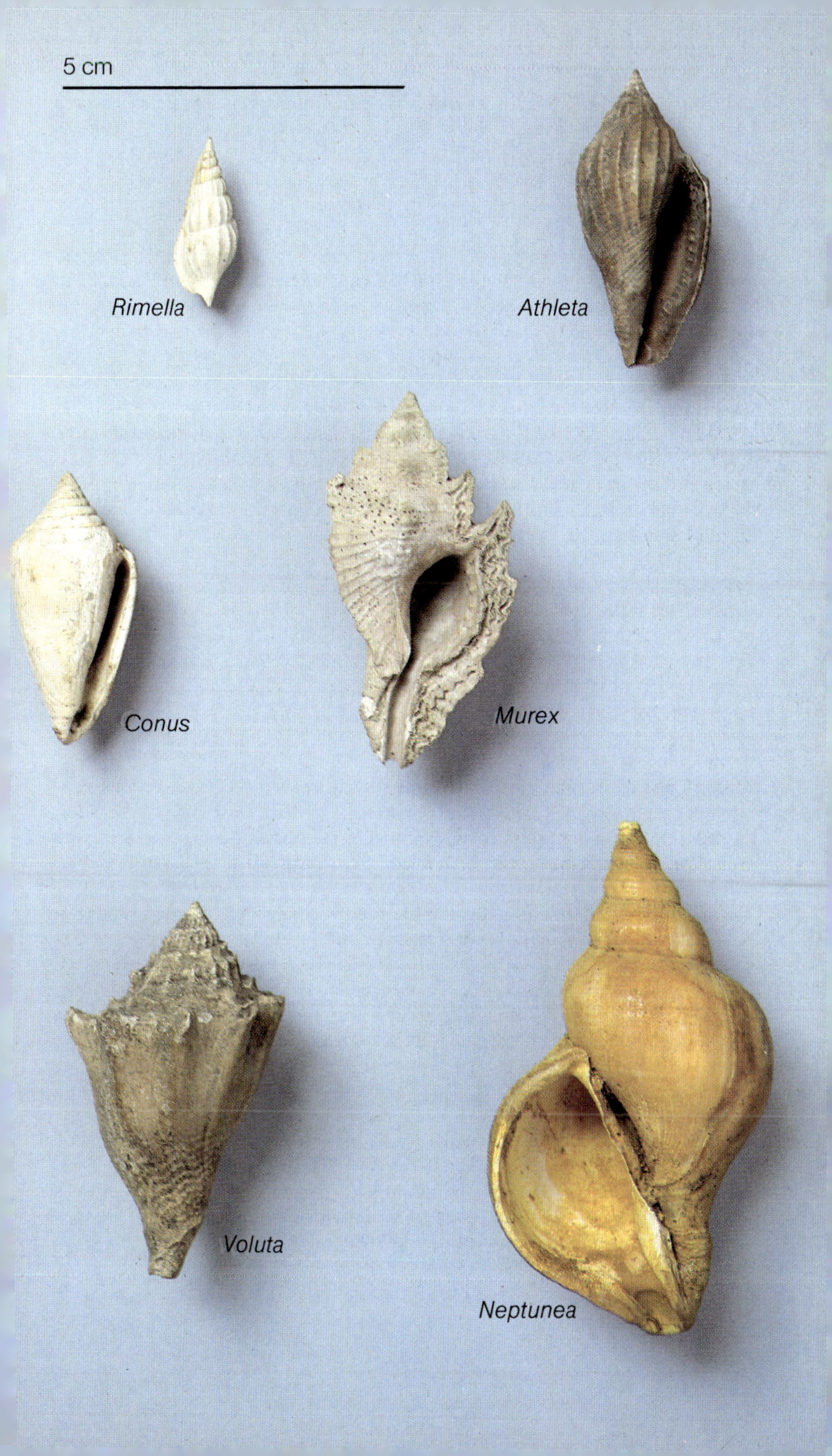
5 cm
Rimella
Athleta
Conus
Murex
Voluta
Neptunea

PULMONATEN Land und Süßwasser bewohnende Schnecken und Wegschnecken. Die Gehäuse variieren von gemäßigt hohen Koni mit flacher oder gerundeter Basis bis hin zu scheibenförmiger Gestalt mit seitlicher Mündung. Die Mündung ist rundlich und unzerfurcht. Die meisten Pulmonaten sind glattschalig.

Pupa *Pupa* ist eine ungewöhnliche Pulmonate. Ihr Gehäuse ähnelt eher einer Insektenpuppe. Dementsprechend wird sie als puppenförmig oder bienenkorbähnlich beschrieben. Die Schalenlänge variiert von länglich bis gerundet. Die Windungen sind rund und werden von deutlichen Suturen verbunden. Die Mündung hat verdickte Lippen und befindet sich in zentraler oder leicht exzentrischer Position. *Pupa* kommt weltweit seit dem Eozän vor.

Planorbis Ein kleines bis mittelgroßes, abgeflachtes und scheibenförmiges Gehäuse. An der Ventralseite ist es leicht konkav. Die Sutur ist gewöhnlich tief eingeschnitten, und die äußeren Umgänge sind höher als die inneren. Charakteristisch für diese Gattung ist die ovale bis sichelförmige Mündung. *Planorbis* kommt seit dem Oligozän in Europa, Afrika und Asien vor. Mit der Entwicklungsreihe von Planorben-Faunen im Steinheimer Becken konnte im vergangenen Jahrhundert erstmals ein Beispiel für die damals noch junge Evolutionstheorie gefunden werden.

Hydrobia Diese kleine bis mittelgroße Pulmonate hat ein mittelmäßig spitzes Gehäuse. Es ähnelt dem von *Lymnaea,* hat aber eine runde Mündung, und die jüngeren Windungen sind breiter. Der Apikalwinkel ist recht spitz, und die Skulptur ist auf feine Wachstumsstreifen beschränkt. Die ältesten Funde sind jurassisch. In Seesedimenten wurden auch einige Schalen von *Hydrobia* in Grabgängen gefunden. Sie ist weltweit verbreitet.

Lymnaea Diese Gattung ist, wie *Hydrobia,* ein guter Indikator für Süßwasserablagerungen. Oft wird sie in Süßwasserkalken oder -tonen gefunden. Das Gehäuse ist mittel bis stärker spitz gerundet und hat eine länglich ovale Mündung. Der letzte Umgang ist länger und leicht asymmetrisch. Charakteristisch ist eine verdickte Innenlippe. *Lymnaea* ist seit dem Jura weltweit verbreitet.

Physa Für die Gattung ist ein linksgewundenes Gehäuse (die Mündung ist linksseitig) charakteristisch. Es ist flach bis mäßig spitz gewunden, und der letzte Umgang ist wesentlich größer als die anderen. Die Mündung ist langgezogen und oval. Lippen werden nach außen dünner. Die Schale kann glatt oder, mit deutlicher Kante zur Sutur hin, axial berippt sein. *Physa* ist seit dem Jura weltweit verbreitet.

Helix Zu dieser Gattung gehört auch die Weinbergschnecke. *Helix* kommt seit dem Eozän vor. Das große bis mittelgroße Gehäuse ist mit weitem Apikalwinkel spiralig aufgerollt. Der letzte Umgang ist aufgebläht und endet mit runder Mündung, die von einer dünnen Außenlippe umschlossen wird. Die glatte Schale zeigt bei einigen Arten Wachstumslamellen. *H. ramandii* ist eine gut bekannte Art aus oligozänen Mergeln in Zentral-Frankreich. Die Gattung ist weltweit bekannt.

Pupa
Planorbis
Lymnaea
Hydrobia
(17,5x)
Physa
Helix
5 cm

Bivalven

Marine oder limnische Tiere mit zweiklappiger Schale.

PALAEOTAXODONTEN Kleine Bivalven, deren Schloßrand mit vielen kleinen, untereinander gleichartigen Zähnen besetzt ist. Die meisten sind flachgrabend. Vorkommen: Ordovizium bis rezent.

Nucula Eine kleine gleichklappige Muschel, bei der Vorder- und Hinterrand der Schalen ungefähr gleich lang sind. Die Wirbel sind nach hinten gebogen. Beide Klappen können feine Berippung und deutliche Zuwachsstreifen aufweisen. Der Schloßrand hat zahlreiche ähnliche Zähne. Vorkommen: Weltweit von der Ober-Kreide bis rezent.

Acila Die Klappen von *Acila* sind gewöhnlich viereckig und von gleicher Größe. Die Skulptur besteht aus breiten Zuwachslinien und winkelig geknickten Rippen. Am Schloßrand befinden sich zahlreiche ähnliche Zähne. *Acila* ist eine grabende Muschel. Sie kommt seit der Kreide in Europa, Amerika, Asien und Nordafrika vor.

PTERIOMORPHA Vertreter dieser Gruppe sind in Größe und Gestalt variabel; das Schloß ist unterschiedlich ausgebildet. Vorkommen: Ordovizium bis rezent.

Parallelodon Eine große Muschel mit länglicher, bikonvexer Schale. Die Klappen sind doppelt so lang wie sie breit sind. Die Front ist stark verkürzt. Der gerade Schloßrand besitzt Anhäufungen von Zähnen. Außen zeigt die Schale starke konzentrische Zuwachslinien und radiale Rippen. *Parallelodon* ist vom Devon bis zum Ober-Jura weltweit bekannt.

Arca Die Schale dieser mittelgroßen taxodonten Muschel ist langgezogen. Am Schloßrand trennen lange ebene Bereiche die beiden Wirbel. Das Schloß besteht aus vielen kammartigen Zähnen. Am tieferen Rand kann die Schale klaffen. Beide Klappen sind konvex und mit radialen Rippen und konzentrischen Zuwachslinien skulpturiert. *Arca* erscheint im Jura und ist heute weltweit verbreitet.

Glycimeris Diese kleine bis mittelgroße Muschel ist beinahe kreisförmig. Der Wirbel sitzt über der Mitte. Die Oberfläche ist fein radial berippt und trägt konzentrische Zuwachslinien. Der leicht gebogene Schloßrand ist mit vielen Zähnen besetzt. *Glycimeris* kommt seit der Kreide weltweit vor.

Mytilus Die gleichklappige Schale ist länglich und an Felsen festgeheftet. Die pantoffelförmigen Klappen zeigen außen deutliche Zuwachslinien. Sie sind gewöhnlich schloßlos und sehr dünn. Diese Gattung erscheint in der Trias und kommt heute weltweit vor.

5 cm
Acila
Nucula
Arca
Parallelodon
Mytilus
Glycimeris

Gryphaea Diese Muschel ist stark ungleichklappig. Die linke, untere Klappe ist tief konvex und hat einen großen Wirbel. Die lagige Struktur der Klappen kommt durch die Abscheidung von dicken Wachstumslamellen zustande. Beide Klappen haben innen einen großen Muskelabdruck. *Gryphaea* kommt seit der Ober-Trias weltweit in obertriassischen und unterkretazischen Gesteinen vor. Im Schwäbischen Unter-Jura ist sie teilweise sehr häufig.

Gervillella Die Schale von *Gervillella* ist langgezogen mit zugespitzter Front. Sie hat eine Skulpturierung von konzentrischen Zuwachslinien. *Gervillella* lebt kosmopolitisch, ist aber nur aus dem Mesozoikum bekannt.

Pinna Eine große bis mittelgroße Muschel mit zahnförmiger, gleichklappiger Schale. Sie kann glatt sein oder ist mit konzentrischen Zuwachslinien und langen Rippen besetzt. Der Bereich zwischen Vorder- und Hinterrand wird durch das weite Klaffen der Schale getrennt. *Pinna* erscheint im Unter-Karbon und ist heute weltweit verbreitet.

Inoceramus *Inoceramus* kommt häufig in der Schreibkreide von Nordeuropa vor und ist eine große bis mittelgroße Muschel mit starker Skulptur aus konzentrischen Zuwachslinien und rippenähnlichen Strukturen. Bei vielen Stücken tritt ein Ohr am Hinterende auf. *Inoceramus* ist weltweit in jurassischen und kretazischen Gesteinen verbreitet.

Ostrea Austernschalen sind flach und gewöhnlich kreisförmig. Beide Klappen sind konvex und zeigen einen lagigen Aufbau. Bei einigen Arten können konzentrische Zuwachslinien und starke radiale Rippen auftreten. In jeder Klappe ist ein großer runder Muskelabdruck. Die ersten Austern erscheinen in der Kreide und sind heute weltweit verbreitet.

Pterinea Die Klappen sind verschieden groß und zeigen außen einen lagigen Aufbau. Der Umriß ist rundlich, und zur Verlängerung des Schloßrandes treten neben dem Wirbel Ohren auf. Außen hat sie konzentrische Zuwachslinien. *Pterinea* ist weltweit vom Oberen Ordovizium bis zum Unter-Devon bekannt.

Plagiostoma (Lima) Eine große bis mittelgroße, gleichklappige Muschel. Der Wirbel zeigt nach hinten, während der Schloßrand nach vorne durch ein Öhrchen verlängert ist. Außen ist die Schale gewöhnlich glatt, jedoch weisen einige Arten schwache radiale Streifen oder Rippen auf. Im Zentrum jeder Klappe ist ein großer Muskelabdruck. *Plagiostoma* kommt weltweit von der Mittel-Trias bis zur Ober-Kreide vor.

Pecten Charakteristisch für diese kleine bis mittelgroße dysodonte Muschel sind die Ohren beiderseits der Wirbel am Schloßrand. Die Klappen sind meist symmetrisch und tragen außen starke radiale Rippen. Pecten hat keine Schloßzähne, aber eine tiefe dreieckige Kerbe in jeder Klappe zur Befestigung des Ligaments. Die ersten *Pecten* erscheinen im Eozän. Die Gattung ist heute weltweit verbreitet.

5 cm
Gryphaea
Gervillella
Pinna
Inoceramus
Ostrea
Pterinea
Plagiostoma
Pecten

PALAEOHETERODONTEN Bivalven, bei denen die Kardinal- und Lateralzähne nicht deutlich voneinander getrennt sind. Die Anzahl der Zähne kann, wie bei Trigonia, auf zwei große, divergente Zähne reduziert sein. Die Form der Schalen variiert. Vorkommen: Ordovizium bis rezent.

Carbonicola Die gleichklappige Schale dieser Gattung hat beinahe dreieckige Form. Der Schloßrand ist gerundet, und die Skulptur ist auf starke konzentrische Anwachslinien reduziert. *Carbonicola* ist nur aus den kohleführenden Schichten des Ober-Karbons bekannt.

Modiolopsis Die Schale dieser Gattung ist langgestreckt und leicht oval. Eine Skulptur fehlt. Die Muskelabdrücke im Innern der Schale sind ungleich groß. Der hintere ist größer. *Modiolopsis* bleibt auf das Mittlere und Obere Ordovizium beschränkt. Sie ist weltweit bekannt.

Trigonia Eine mittelgroße Muschel mit beinahe dreieckiger Schale. Das Vorderteil ist stark verkürzt. Der hervorstehende Wirbel ist aufwärts und leicht nach hinten gerichtet. Die Schale ist gleichklappig. *Trigonia* ist stark skulptuiert mit konzentrischen Rippen und radial verlaufenden Knotenrippen. Im Schloßteil der rechten Schale stehen zwei exponierte Zähne mit geriefter Oberfläche hervor. *Trigonia* ist von der Mittel-Trias bis zum Ende der Kreide weltweit bekannt.

Unio Eine gleichklappige Muschel, deren linkes Schloßteil aus zwei Kardinalzähnen und zwei hinteren Leistenzähnen besteht. Die Schale ist langgestreckt und hat einen relativ geraden Schloßrand. Außen zeigt sie konzentrische Anwachslinien. Die Muskelfelder im Innern sind gleich- oder beinahe gleich groß. *Unio* ist seit der Trias in limnischen Sedimenten bekannt. Sie kommt heute in Europa, Asien, Afrika und der UdSSR vor.

HETERODONTEN Diese Muscheln sind in Form und Struktur äußerst variabel. Ihre Schloßzähne sind gewöhnlich in Kardinal- und Lateralzähne getrennt. Sie können aber stark verändert und verkleinert sein. Vorkommen: Trias bis rezent.

Venericardia Eine Muschel von mittlerem bis großem Format, deren gleichklappige Schale dreieckig geformt ist. Starke radiale Rippen und parallel zum Rand verlaufende, deutliche Anwachslinien sind charakteristisch. Die inneren Muskelfelder sind ungleich groß. Am Schloßrand treten starke Kardinalzähne auf. Die Gattung ist während des Paläozäns und Eozäns in Europa, Afrika und Nordamerika bekannt.

Chama Eine kleine bis mittelgroße ungleichklappige Muschel. Wachstumslamellen und abgeflachte Stacheln geben der Schale außen einen lagigen rauhen Eindruck. Die Muskelfelder im Innern sind ungefähr gleich groß. Der Schloßrand wird von einem oder zwei Kardinalzähnen und einigen schwächeren Lateralzähnen charakterisiert. *Chama* kommt seit dem Eozän in Europa und Amerika vor.

5 cm
Modiolopsis
Carbonicola
Trigonia
Unio
Venericardia
Chama

Hippopodium Dieses *Unikum* ist die einzige Gattung in der Familie Hippopodiidae. Sie hat ein großes aufgeblähtes, stark bikonvexes Gehäuse. Die Schale ist gleichklappig und besitzt eine lagige Außenstruktur. Der gerundete Schloßrand zeigt im Inneren jeweils einen Kardinalzahn und in der rechten Klappe nach hinten einen Lateralzahn. *Hippopodium* ist auf den Jura in Europa und Ostafrika beschränkt.

Corbula *Corbula* ist eine kleine bis mittelgroße Muschel. Charakteristisch für die derbe Schale ist ein rostrumartiger Fortsatz am Hinterende. Die linke Klappe ist etwas kleiner als die rechte. Einige Arten haben verdickte konzentrische Rippen. Die Muskelfelder im Inneren sind ungefähr gleich groß. Die Schloßzähne sind zurückgebildet. *Corbula* ist seit dem Ober-Jura weltweit verbreitet.

Crassatella Die gleichklappige Schale von *Crassatella* ist dreieckig oder trapezförmig. Sie hat kräftige konzentrische Rippen. Das Schloß besteht aus gut entwickelten Kardinal- und Lateralzähnen. Dazu kommt eine Grube für das innenliegende Ligament. Auffällig ist eine abgegrenzte Fläche am rückwärtigen Teil der Schale. *Crassatella* reicht von der höheren Unter-Kreide bis ins Miozän. Sie ist nur aus Europa und Nordamerika bekannt. Gutes Material ist in tertiären Sedimenten von Südostengland zu finden, im Pariser Becken und in Texas, USA.

Pholas *Pholas* bohrt in weichen Gesteinen. Sie hat längliche bis gerundete Klappen mit einer klaffenden Kommissur für den Austritt des Fußes. Der hervorstehende Wirbel zeigt nach hinten. Der vordere Schalenbereich ist mit starken konzentrischen, oft gezähnten oder gerieften Rippen besetzt. Eine starke Krümmung in der hinteren Mantellinie weist auf Siphonen. Die ältesten Exemplare sind aus Kreidegesteinen überliefert. *Pholas* kommt heute im Atlantik und im Pazifik vor.

Teredo Der unter dem Namen »Schiffsbohrwurm« bekannte *Teredo* wird oft anhand seiner langen, kalkigen Bohrgänge erkannt. Die Schale ist stark reduziert und bedeckt nur die vordere Spitze seines wurmförmigen Körpers. Die äußere Skulptur der Schale ist variabel. Gewöhnlich gehören kurze, starke, zum Bohren verwendete Dornen dazu. *Teredo* erscheint im frühen Eozän. Speziell aus dem London Clay, bei Sheppey in Südostengland, ist er gut bekannt. Der »Schiffsbohrwurm« kommt heute weltweit vor.

Solen Diese Gattung repräsentiert eine Familie von langgestreckten Muscheln. Die Klappen klaffen an beiden Enden und sind gewöhnlich glatt mit konzentrischen Anwachslinien. Die Wirbel sind nahe dem Vorderende und das Schloß ist schwach ausgebildet. Es können ein bis drei Kardinalzähne auftreten, die Lateralzähne sind jedoch reduziert oder fehlen ganz. Die Familie dieser Muscheln reicht bis in die Kreide zurück. *Solen* selbst erscheint im Eozän und ist aus Europa, Nordamerika und dem Pazifik bekannt.

Hippopodium

Corbula
(1,8x)

Crassatella

5 cm

Pholas

Teredo

Solen

PACHYDONTEN Die Schalen dieser Bivalven weisen eine begrenzte Anzahl von großen, stumpfen Zähnen am Schloßrand auf. Die Gehäuse sind oft groß und ungleichklappig. Die Pachydonten sind im wesentlichen modifizierte Heterodonten.

Durania Eine große bis mittelgroße Muschel mit einer korallenförmigen unteren, rechten Klappe und einer deckelartigen linken Klappe. Die Wandung der unteren Klappe ist sehr dick und von radialen Furchen durchzogen. Die obere Klappe ist flach oder gewölbt und ebenso zerfurcht. Die Außenseite der unteren Klappe trägt starke vertikale Rippen. *Durania* ist nur aus Kreidegesteinen von Europa, Nordafrika, Asien und Amerika bekannt. Sie kommt speziell in Kalken des früheren Tethys-Meeres vor.

Hippurites Wie *Durania* ist auch *Hippurites* nur aus Kreidesedimenten bekannt. Auch hier ist die untere, rechte Klappe zylindrisch und korallenförmig. Die Wandung dieser Klappe ist sehr dick und zeigt eine regelmäßige Wabenstruktur. Die obere Klappe ist deckelartig. Die Individuen können sehr groß werden. *Hippurites* und *Durania* waren Riffbildner. Gute Beispiele solcher Riffe finden sich nahe Lissabon in Portugal und bei Sorrento in Italien.

ANOMALODESMATEN Bivalven mit abgewandelter und reduzierter Schale. Schloßzähne fehlen oder sind zurückgebildet. Hierzu gehören eine Menge bohrende und grabende Arten. Vorkommen: Trias bis rezent.

Thracia Eine kleine bis mittelgroße Muschel mit glatter oder rauher Oberfläche. Die Schale kann länglich oder dreieckig geformt sein. Der vordere Bereich ist gerundet. Die beiden Klappen sowie die inneren Muskelfelder sind annähernd gleich groß. Die Mantellinie zeigt einen Sinus. Ein Schloß ist in dieser Gattung nicht vorhanden. *Thracia* geht bis auf den Jura zurück und ist weit verbreitet.

Pholadomya Die große bis mittelgroße Schale dieser Gattung variiert von dreieckig bis oval. Die beiden konvexen Klappen wirken stark aufgebläht. Sie sind von gleicher Größe, und der vordere Bereich ist stark verkürzt. Das Hinterende kann stark klaffen. *Pholadomya* hat eine Skulptur aus starken radialen Rippen, die von konzentrischen Anwachslinien gekreuzt werden. Sie ist eine flach grabende Muschel. Seit der Ober-Trias gibt es zahlreiche Arten. Die Gattung ist weltweit verbreitet.

Hippurites
Durania
Thracia
Pholadomya
5 cm

Scaphopoden, Chitonen und Tentakuliten

Die größten Gruppen fossiler Mollusken sind die Bivalven, Gastropoden und Cephalopoden. Zahlreiche Gattungen und Arten dieser Klassen sind fossil überliefert und zeigen damit, daß die Mollusca einer der erfolgreichsten und mannigfaltigsten Stämme ist. Aber auch andere Mollusken sind überliefert. Ihre manchmal zufällige Entdeckung kann sich als wichtige Bereicherung unserer Kenntnis von einer speziellen Unterklasse oder Ordnung erweisen.

Unter den weniger bekannten Molluskengruppen sind die Scaphopoden und die Chitonen. Beide sind schon seit dem Ober-Kambrium oder Unteren Ordovizium bekannt. Die Scaphopoden oder »Zahnschnecken« sind marine Mollusken. Sie besitzen eine einzelne kleine bis mittelgroße Schale von zylindrischer Form. Das Gehäuse verjüngt sich nach hinten und ist leicht gebogen. Die Mehrzahl der Scaphopoden lebt auf dem Kontinentalschelf. Ihre Reste werden oft in kalkigen Tonsteinen des äußeren Schelfs gefunden. Ein lebender Vertreter der »Zahnschnecken« ist *Dentalium.* Sie treten zum ersten Mal in ordovizischen Sedimenten auf, und ihre Erscheinungsform hat sich bis heute nicht geändert. *Dentalium* und andere lebende Scaphopoden graben im weichen Sediment.

Die fossile Überlieferung der Chitonen ist seltener als die der »Zahnschnekken«. Einzelne Platten oder ganze Fundstücke sind seit dem Oberkambrium bekannt. Die Chitonen besitzen eine bilateral symmetrische Schale, die aus sieben oder acht kalkigen Platten besteht. Die Tiere ernähren sich durch Abweiden von Felsen. Sie kommen häufig in tropischen Flachwasserbereichen vor. Ein großer ventraler Fuß gibt ihnen auf dem Substrat festen Halt.

Eine weitere Gruppe von seltenen oder wenig bekannten Mollusken sind die Tentakuliten. Eigentlich ist ihre zoologische Zugehörigkeit zweifelhaft, aber wegen ihrer konischen kalkigen Röhren wird allgemein eine Verbindung zu den Scaphopoden und verwandter Mollusken angenommen. Die Schale ist einteilig und viele Arten zeigen kreisförmige Rippen. Oft findet man ihre Reste in großen Massen und gewöhnlich in Flachwassersedimenten wie kalkigen Sandsteinen oder Kalk-Areniten. Wahrscheinlich lebten sie auf oder teilweise im Sediment des Ozeanbodens. Tentakuliten sind weltweit und speziell in Sedimenten des mittleren und älteren Paläozoikums (Ordovizium und Devon) zu finden.

Weitere Gruppen langgestreckter einschaliger Mollusken kommen im Paläozoikum vor. Dazu gehören auch die Conularien mit chitinophosphatischer Schale. Conularien reichen vom Kambrium bis zur Trias.

← *Dentalium* →
Chitonen
5 cm
Tentaculites

Cephalopoden

Mollusken mit gestreckter oder aufgerollter, innerer oder äußerer Schale. Das Gehäuse wird von Septen in Kammern unterteilt; ein Sipho, eine fleischige Röhre durchstößt die Septen und verbindet die Kammern. Siphonalduten (röhrenartige Verlängerungen der Septen um den Sipho) können nach hinten in die Kammern hineinreichen. Vorkommen: Ober-Kambrium bis rezent.

NAUTILOIDEEN Eine Gruppe von Cephalopoden mit stark variierender Schalenform. Beobachtet werden gestreckte und eng aufgerollte Formen, jedoch enthalten alle ebene oder leicht gewölbte Septen. Abscheidungen in den Kammern und in den Siphonalduten werden mit dem hydrostatischen Auftrieb in Zusammenhang gebracht. Vorkommen: Kambrium bis rezent.

Nautilus Der rezente *Nautilus* (»Perlboot«) hat eine glatte Schale mit großer Wohnkammer. Sie bedeckt die älteren Windungen, wie es einem involuten Gehäuse entspricht. Die Suturlinien sind leicht gebogen oder breitwellig verfaltet. *Nautilus* erscheint im Oligozän. Man findet ihn fossil in Europa, Australien und Ostindien.

Michelinoceras Ein langes schlankes Gehäuse mit kreisförmigem Querschnitt. Es verjüngt sich leicht zu seinem Hinterende. Geradlinig gestreckte Schalen dieser Art werden als orthokon bezeichnet. Der Sipho liegt zentral, und die Siphonalduten sind gerade. Innere Ablagerungen befinden sich an der Außenwand und an den Septen. Eine Skulptur von feinen Linien erstreckt sich über die Oberfläche der Schale. *Michelinoceras* reicht vom Unteren Ordovizium bis zur Ober-Trias. Er ist aus Europa, Nordamerika, Asien und Australien bekannt.

Orthoceras Orthoceras hat ein gerades, zylindrisches Gehäuse, das zur Mündung hin leicht expandiert. Der zentrale Sipho bleibt ohne sekundäre Abscheidungen. Außen ist er glatt oder leicht gerieft. Die Septen sind einfach und ungefaltet. *Orthoceras* ist aus ordovizischen Gesteinen in Europa und Nordamerika bekannt.

Trochoceras Ein ungewöhnlich geformter Nautilide, dessen Spirale sich abzuwickeln scheint. Diese Gehäuseform nennt man gyrokon. *Trochoceras* hat keine Endsiphonalablagerungen. Außen an der Schale können flügelartige Fortsätze auftreten. Das Gehäuse ist gegen die Mündung hin vergrößert und aufgebläht. Gewöhnlich ist es skulpturlos, jedoch können feine Streifen auftreten. Die Gattung *Trochoceras* bleibt auf devonische Sedimente Europas beschränkt.

Dawsonoceras Das zylindrische oder subzylindrische Gehäuse von *Dawsonoceras* wird von einer langettierten oder stark linierten Oberfläche charakterisiert. Der Sipho liegt subzentral und hat kurze Siphonalduten. Hier, und an den Septen, treten Ablagerungen auf. Die Gattung findet sich in silurischen Sedimenten von Europa, Asien, Australien und Nordamerika.

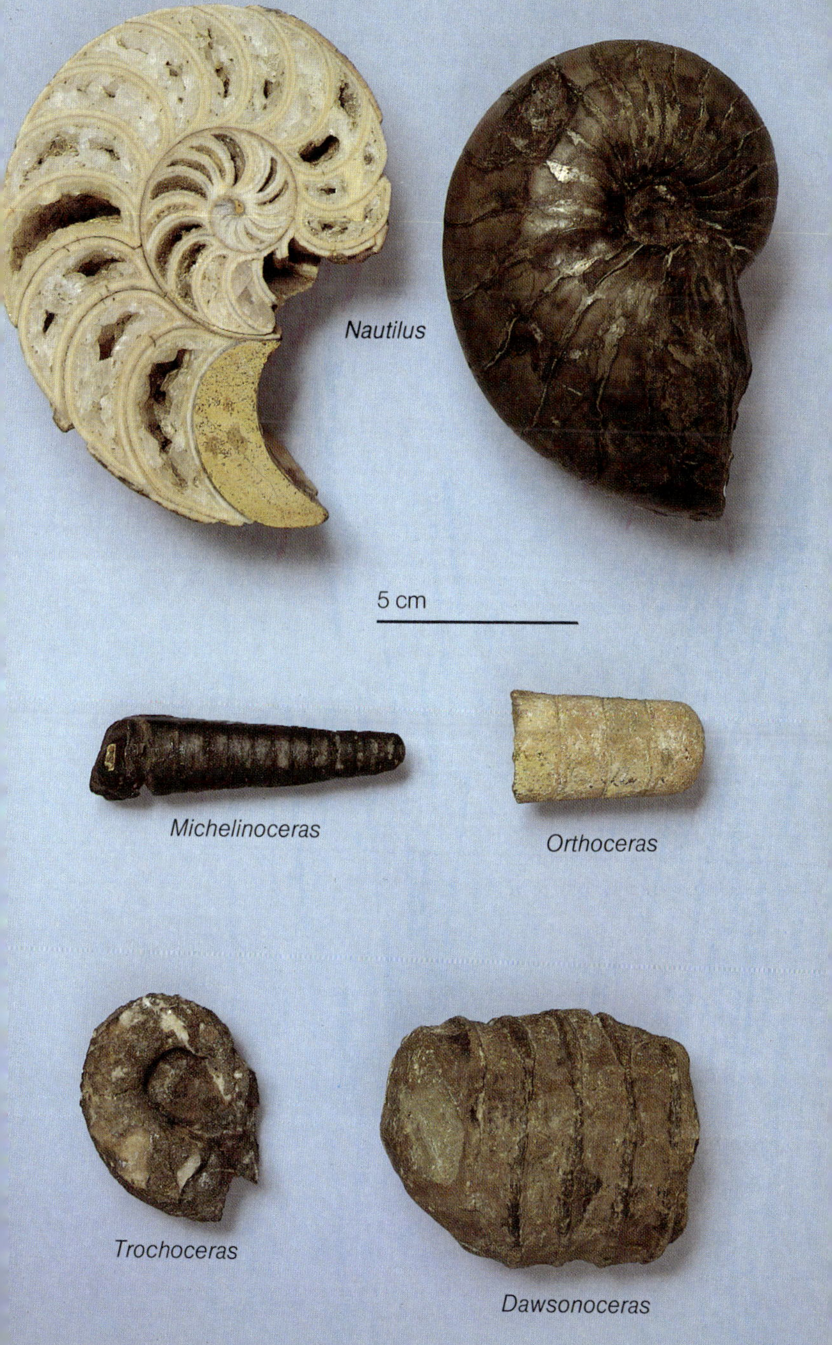
Nautilus
5 cm
Michelinoceras
Orthoceras
Trochoceras
Dawsonoceras

AMMONOIDEEN Die wichtigsten aller Cephalopoden. Zu den Ammonoideen gehören die Goniatiten, die Ceratiten und Ammoniten im engeren Sinne. Sie haben eine äußere Schale, die normalerweise planspiral aufgerollt ist. Das Gehäuse ist gekammert, und die Suturlinie ist in nach vorn gerichtete **Sättel** und nach hinten gerichtete **Loben** gefaltet oder gewellt. Ablagerungen in den Kammern oder im Sipho sind nicht bekannt. Vorkommen: Devon bis Kreide.

GONIATITEN Goniatiten haben externe, kleine bis mittelgroße und immer aufgerollte Gehäuse. Die Suturlinie ist vergleichsweise einfach. Sie zeigt breite, unzerteilte Sättel und Loben. Vorkommen: Devon bis Perm.

Goniatites Ein kleiner bis mittelgroßer Cephalopode mit kugelförmiger Schale. Die äußere Windung dehnt sich zur Mündung hin aus und bedeckt die älteren Windungen. Der Nabel ist klein. *Goniatites* hat eine typische Suturlinie mit etwas eckigen Loben. Er ist nur aus karbonischen Sedimenten bekannt, aber in Europa, Asien, Nordafrika und Nordamerika verbreitet.

Gastrioceras Er gehört wie *Goniatites* zur gleichen Überfamilie. Das Gehäuse zeigt einen großen Nabel und starke Rippen an der Nabelkante. Die Suturlinie ist in runde Sättel und Loben zerlegt, wobei der Externlobus schlanker als die weiter außen gelegenen ist. *Gastrioceras* kommt in marinen Schichten des Ober-Karbon (Pennsylvanian) vor. Er ist aus Europa, den USA (Arkansas) und China bekannt.

Clymenia Ein Vertreter der wichtigen, auf das Ober-Devon begrenzten Überfamilie Clymeniacea. Die meisten haben ein beinahe scheibenförmiges Gehäuse mit tauartig aufgerollter oder evoluter Spirale. ***Clymenia*** ist klein bis mittelgroß und hat einen großen Nabel. Die Schale ist glatt oder leicht berippt und hat eine Suturlinie. *Clymenia* ist aus Europa und Australien bekannt.

Beyrichoceras Diese Gattung ist wie *Goniatites* und *Gastrioceras* ein kleiner bis mittelgroßer Cephalopode und verfügt über ein fast scheibenförmiges Gehäuse mit kleinem Nabel. Die Schale ist glatt, und die Windungen werden im Externbereich schlanker. Man findet ihn nur in unterkarbonischen (Mississippian) Schichten von Europa, Nordamerika und Afrika.

5 cm
Goniatites
Gastrioceras
Clymenia
Beyrichoceras

CERATITEN Dies sind aufgerollte Ammonoideen mit kleiner bis mittelgroßer Schale. Ihre Suturlinien sind komplizierter als bei den Goniatiten. Die Loben sind in kleinere sekundäre Falten untergliedert. Die robusten Gehäuse zeigen deutliche Berippung und Wachstumslinien. Vorkommen: Karbon bis Trias.

Ceratites Diese Gattung hat ein scheibenförmiges oder leicht abgeflachtes Gehäuse mit weitem Nabel. Die äußeren Windungen bedecken teilweise die inneren, und die Windungshöhe nimmt zur Mündung hin zu. Der Windungsquerschnitt ist viereckig. Die grobe Skulpturierung der Schale setzt sich aus starken Rippen, Knoten oder Höckern zusammen. Die Rippen reichen nicht über die Externseite hinweg. Die charakteristische Sutur besteht aus runden Sätteln und sägeblattartig zerschnitzten Loben. *Ceratites* ist aus Deutschland, Frankreich, Spanien und Rumänien überliefert. Er bleibt auf die Mittel-Trias beschränkt.

Joannites *Joannites* hat ein glattes, fast kugelförmiges, involutes Gehäuse. Die äußeren Windungen überlappen die inneren. Die Sutur ist komplizierter als die von *Ceratites* und ist mit weiter unterteilten Sätteln und Loben eher ammonitisch geartet.

Arcestes *Arcestes* ist ein kleiner bis mittelgroßer Ceratit mit involutem, fast kugelförmigem Gehäuse. Die Sutur ist ammonitisch und hat dreieckig geformte Loben und Sättel. In bestimmten Abständen zeigen sich Einschnürungen auf der Oberfläche der Wohnkammer. Der Nabel ist eng oder ganz verschlossen. Die Schale ist gewöhnlich glatt, aber feine Anwachslinien können auftreten. *Arcestes* ist in Sedimenten der Mittel- und Ober-Trias weltweit verbreitet. Schönes Material findet man in triassischen Gesteinen der europäischen Alpen.

Trachyceras Im Gegensatz zu *Arcestes* ist *Trachyceras* rippen- und knotenreich skulpturiert. Die Schale ist involut mit mittlerer Nabelweite. Bei einigen Arten kommt eine Externfurche vor. Die Windungsflanken sind mit leicht gebogenen Knotenrippen besetzt. Die Sutur ist ammonitisch, aber nicht so stark verfaltet wie bei *Arcestes*. *Trachyceras* bleibt auf Sedimente der Mittel- und Ober-Trias beschränkt. Er ist bekannt aus den europäischen Alpen, Spanien, Sardinien, Asien, Portugiesisch-Timor und Nordamerika. In den USA kann man *Trachyceras* in mitteltriassischen Sedimenten von Nevada und Kalifornien finden.

5 cm
Ceratites
Joannites
Arcestes
Trachyceras

AMMONITEN Cephalopoden, deren Sättel und Loben ihrer Suturlinie noch weiter unterteilt und zerschlitzt sind.

PHYLLOCERATIDEN Viele haben eng aufgerollte Gehäuse, bei denen die äußeren Windungen die inneren bedecken. Die Suturlinie ist mit feinen Schlitzen an Loben und Sätteln kompliziert verfaltet. Vorkommen: Trias bis Kreide.

Rhacophyllites Ein kleiner bis mittelgroßer Ammonit mit im wesentlichen evolutem Gehäuse. Die Innenwindungen werden nur teilweise von der äußeren Windung, die auch breiter und höher ist, bedeckt. Die glatte Schale zeigt eine komplizierte ammonitische Lobenlinie. Vorkommen: Obertriassische Sedimente von Europa, Himalaya und Pazifik.

Phylloceras Eine involute Schale, bei der die äußere Windung die inneren bedeckt. Sie ist gedrungen, glatt und engnabelig und mit feinen Linien bedeckt. Die Sättel und Loben der Suturlinie sind charakteristisch in kleine Kräusel unterteilt. *Phylloceras* ist vom Unter-Jura bis Ober-Jura weltweit verbreitet.

Tragophylloceras Ein kleiner Ammonit mit im wesentlichen evolutem Gehäuse. Die Externseite der Windungen ist stark berippt, der Nabel tief und groß. Vorkommen: Weltweit im Unter-Jura.

AMMONITIDEN Diese Unterordnung der Ammoniten ist von den Phylloceratiden abgeleitet. Sie enthält viele variante Arten. Die Suturlinie ist im allgemeinen weniger kompliziert als bei anderen Ammoniten. Bei einigen Arten ist die »ceratitisch« zurückgebildet. Starke Kiele und Rippen kommen vor. Einige Gehäuse erreichen gigantische Proportionen. Vorkommen: Mittel-Jura bis Kreide.

Psiloceras Die Gattung *Psiloceras* ist ein Leitfossil. Ein kleiner bis mittelgroßer Ammonit mit flacher und evoluter Schale. Sie ist glatt oder mit stumpfen und dicht gedrängten Wachstumslinien besetzt. Die Gattung kommt im Unter-Jura von Europa, Asien und Nordamerika vor.

Hildoceras Ein Ammonit mittlerer Größe mit flachem, evolutem Gehäuse. Die Windungen haben einen hoch rechteckigen Querschnitt, und die Flanken tragen Rippen mit Lateralfurchen. Extern tritt ein Kiel zwischen zwei Furchen auf. *Hildoceras* bleibt auf den Unteren Jura begrenzt, ist aber weltweit verbreitet.

Dactylioceras Dies ist möglicherweise der am besten bekannte aller Ammoniten. Man findet ihn weltweit. Er kommt häufig im Posidonienschiefer von Holzmaden, im Schwäbischen Jura, vor. Die zahlreichen Windungen des evoluten Gehäuses sind stark berippt. Einige Arten haben einfache Rippen, bei anderen spalten sie sich auf der Externseite.

5 cm
Rhacophyllites
Phylloceras
Tragophylloceras
Psiloceras
Hildoceras
Dactylioceras

Liparoceras Dies ist ein großer bis mittelgroßer Ammonit mit robustem Gehäuse. Zur Mündung hin nimmt die Windungshöhe stark zu. Der Nabel ist weit und tief. Die feine bis grobe Berippung wird von zwei Knotenreihen auf der Lateralseite ergänzt. Bei einigen Arten sind die Rippen bipartit und ziehen gegabelt über die Externseite. *Liparoceras* bleibt auf den Unter-Jura von Europa, Nordafrika und Indonesien beschränkt.

Hoplites *Hoplites* hat ein involutes Gehäuse und ist lateral abgeflacht. Der Windungsquerschnitt ist hoch trapezförmig. Starke Rippen ziehen sich von gut entwickelten Knoten über die Schale. Sie können im Zickzack verlaufen, queren aber nicht die Externseite. Manche späte Arten zeigen alternierende Lippenenden. *Hoplites* ist ein wichtiger Ammonit der höheren Unter-Kreide. *H. denatus* wird als Zonenfossil des tieferen Mittel-Alb (Unter-Kreide) von Nordwesteuropa verwendet. *Hoplites* ist ebenso aus Mexiko und dem Mittleren Osten bekannt.

Douvilleiceras Diese Gattung wird durch ihre stark berippte Schale charakterisiert. Das Gehäuse ist evolut und hat einen gerundeten Windungsquerschnitt. Die Rippen sind mit zahlreichen Höckern besetzt. *Douvilleiceras* ist aus Sedimenten des Alb (Unter-Kreide) von Europa, Nordamerika, Peru, Kolumbien, Madagaskar und Indien überliefert.

Macrocephalites Diese Gattung umfaßt große bis gigantische Arten. Das Gehäuse ist involut und hat einen kleinen Nabel. Der letzte Umgang ist viel größer als der vorhergehende. Die Schale ist berippt, jedoch kann sie bei größeren Exemplaren skulpturlos sein. *Macrocephalites* bleibt auf eine Stufe des Mittel-Jura beschränkt. Er ist aus Europa, Nord- und Südamerika, Afrika und Asien bekannt.

Amaltheus Ein kleiner bis mittelgroßer Ammonit mit flachem, scheibenförmigem Gehäuse. Auf den Flanken hat er glatte, leicht S-förmige Rippen und extern einen starken Zopfkiel. Bei einigen Arten kommen Höcker dazu. *Amaltheus* ist aus dem Unter-Jura von Europa, Nordafrika und Nordamerika bekannt. Dort wurde er in Nordalaska, Oregon und Kanada gefunden.

Perisphinctes Diese Gattung bildet große bis gigantische, evolute Gehäuse. Die inneren Windungen zeigen viele kleingliedrige Rippen, während die äußeren mit großen, massiven Rippen besetzt sind. *Perisphinctes* ist aus dem Ober-Jura von Europa, Afrika, Asien und Kuba bekannt.

Liparoceras
Hoplites
Douvilleiceras
5 cm
Macrocephalites
Amaltheus
Perisphinctes

LYTOCERATIDEN Es wird angenommen, daß sich diese »Ammoniten« in der Ober-Trias aus phylloceratitischen Vorfahren entwickelt haben. Auch bei ihnen handelt es sich um einen konservativen Zweig, jedoch fehlen die Blattstrukturen aus der Suturlinie ihrer Vorfahren. Die lytoceratitische Sutur ist fein verzweigt, und der Internlobus ist noch weiter unterteilt. Viele Lytoceratiden sind stark skulpturiert, und einige sind nicht aufgerollt. Vorkommen: Trias bis Kreide.

Lytoceras Diese Gattung hat ein evolutes Gehäuse. Die Windungsgröße nimmt vor der Mündung stark zu. Der Windungsquerschnitt ist rund oder fast kreisförmig. Außen zeigen sich gekräuselte Anwachslinien oder dünne Rippen. Die Suturlinie ist hochkompliziert. Die Loben und Sättel sind mit filigranen Rüschen verziert. *Lytoceras* ist weltweit bekannt. Er reicht vom Unter-Jura bis zur Ober-Kreide. *L. fimbriatum* ist eine bekannte Art aus dem Unter-Jura von England.

Scaphites Ein recht seltsamer Ammonit. Das aufgeblähte Gehäuse besteht aus involut aufgerollten Innenwindungen, während sich der letzte Umgang von der Spirale trennt und hakenförmig nach einem kurzen Schaft endet. Die Schale ist berippt und mit länglichen Knoten besetzt. *Scaphites* vertritt im wesentlichen den mittleren Bereich der Kreide. Er ist von der Nordhalbkugel, Madagaskar und Australien bekannt.

Hoploscaphites Diese Gattung ist eindeutig mit *Scaphites* verwandt und kann als heteromorph bezeichnet werden. Die Anfangswindungen überlappen sich, jedoch die letzte Windung endet hakenförmig nach einem sehr kurzen Schaft. Das Gehäuse ist abgeflacht und trägt typische Rippen und Knoten. *Hoploscaphites* ist beschränkt auf Sedimente der Ober-Kreide von Europa, Nordamerika, Südamerika (Chile) und der Antarktis.

Turrilites Er gleicht einer großen bis sehr großen Turmschnecke. Jedoch handelt es sich um einen Lytoceratiden mit charakteristisch heteromorpher Schale. Er lebte, wie viele andere Heteromorphen, auf dem Meeresboden. Die Windungen sind turmförmig zu einer Wendel mit spitzem Apikalwinkel aufgerollt. Rippen und Knoten schmücken die Schale. *Turrilites* ist aus Sedimenten der Ober-Kreide von Europa, Afrika, Indien und Japan bekannt. In den USA findet man ihn, zusammen mit anderen Vertretern der Turrilitacea, aus der Kreide von Texas.

Hamites Wie *Scaphites* ist auch *Hamites* ein Beispiel für heteromorphe Ammoniten. Das Gehäuse ist so aufgerollt, daß drei ungefähr parallele Schäfte entstehen, die in einer Ebene liegen und sich nicht berühren. Diese Form unterscheidet sich, wie bei *Scaphites,* stark von den normalen Ammoniten. *Hamites* hat dichtstehende Rippen, die sich bei allen Arten ganz um die Windungen ziehen. Der Rippenabstand kann variieren. *Hamites* ist in den Gault-Sedimenten der Unter-Kreide in Europa, u. a. auch aus Nordwestdeutschland, bekannt. Darüber hinaus kommt er in Afrika, Indien und den USA vor.

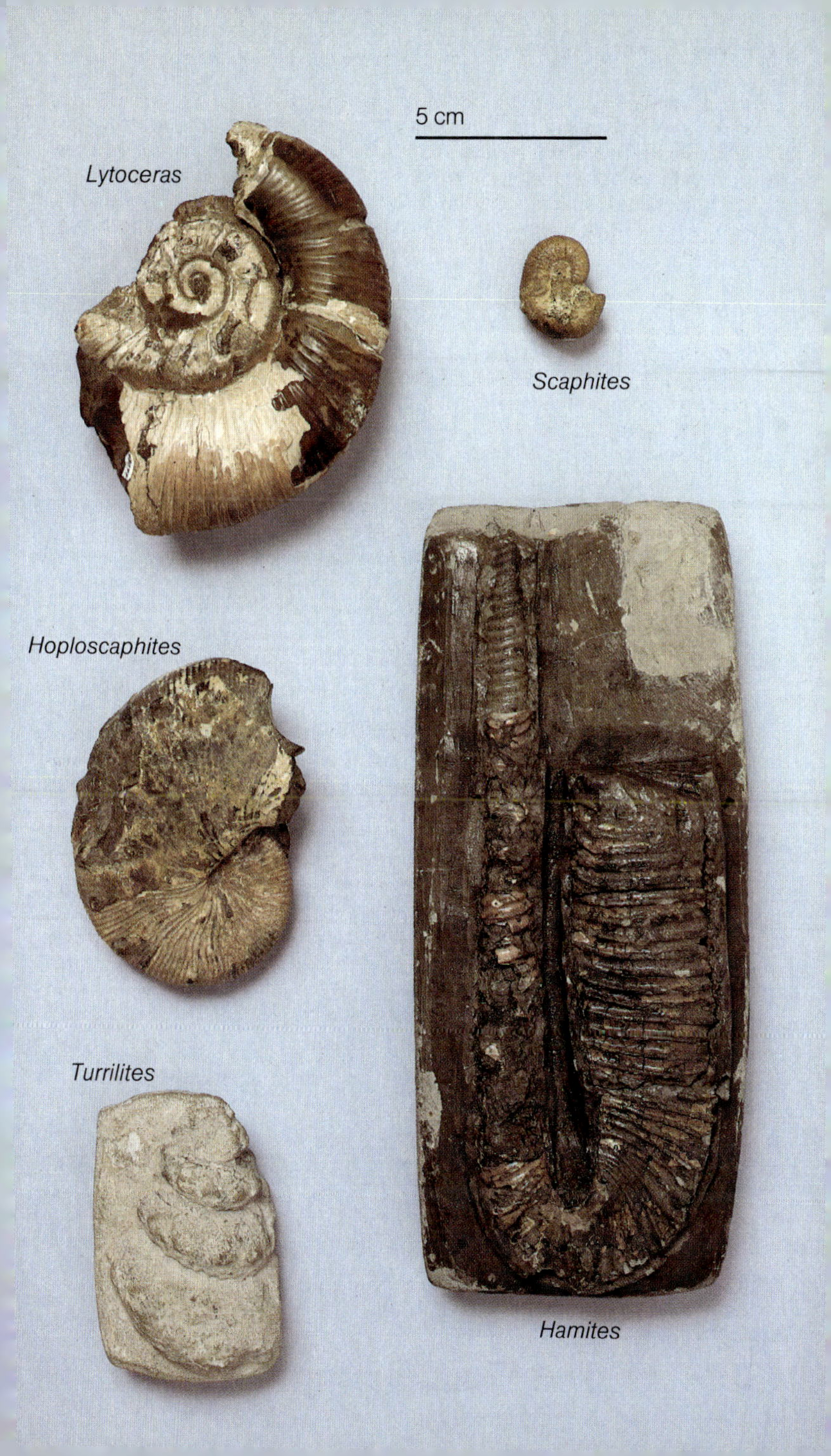
5 cm
Lytoceras
Scaphites
Hoploscaphites
Turrilites
Hamites

BELEMNITEN Diese fossilen Cephalopoden werden zusammen mit den lebenden Kalamaren und Kraken in eine Gruppe gestellt. Das interne Skelett besteht aus einem schweren, geschoßähnlichen **Rostrum,** einem gekammerten, konischen **Phragmokon** und einem zungenähnlichen **Proostrakum.** Das Rostrum ist am widerstandsfähigsten. Zahlreiche Stücke findet man in jurassischen und kretazischen Gesteinen. Vorkommen: Karbon bis Tertiär. Obwohl weltweit verbreitet, waren die Belemniten häufiger in der nördlichen, »borealen« Zone als in der südlichen »tethytischen«.

Hibolites Diese Gattung hat ein langgestrecktes Rostrum mit knolligem Hinterende. Das Rostrum verjüngt sich nach vorne und hat eine deutliche Rille an der Ventralseite. *Hibolites* besitzt eine ausgeprägte Speer- oder Keulenform. Er reicht vom Jura bis in die Unter-Kreide.

Actinocamax Diese Gattung hat ein zylindrisches Rostrum mit tiefer ventraler Furche. Der Querschnitt ist rund oder fast gerundet. Vorn befindet sich ein trichterförmiger Hohlraum mit dem Phragmokon. Im Vergleich zu anderen Gattungen ist er relativ flach. Am Ende des Rostrums erscheint ein kleiner, spitzer Fortsatz. *Actinocamax* ist weltweit aus Sedimenten der höheren Unter-Kreide und der Ober-Kreide überliefert.

Neohibolites *Neohibolites* hat ein kleines Rostrum mit kreisförmigem Querschnitt. Ein kurzer Schlitz mit Rille erscheint hinter der vorderen Öffnung auf der Ventralseite. *Neohibolites* ist nur aus der Ober-Kreide von Europa bekannt.

Belemnitella Diese Gattung hat ein großes bis mittelgroßes Rostrum, das oft mit seitlichen Linien gezeichnet ist. Die Außenfläche kann granular strukturiert sein. Es ist fast zylindrisch, nimmt nach vorne leicht zu und hat eine stumpfe Spitze. Die Alveole ist tief und zur Ventralseite hin steil geneigt. Dort zeigt sich ein langer Schlitz. *Belemnitella* ist auf die Ober-Kreide Europas begrenzt.

Cylindroteuthis Diese Gattung hat ein großes zylindrisches Rostrum mit ovalem Querschnitt. Die Seiten können leicht abgeflacht sein, und ventral erscheint eine starke Rille. Sie vertieft sich zur Spitze des Rostrums. *Cylindroteuthis* reicht vom frühen Jura bis zum Ende der Kreide. Sie ist nur aus Europa und Nordamerika bekannt.

Hibolites
Actinocamax
Neohibolites
Belemnitella
Belemnitenrostrum
im Schnitt
mit konischem
Phragmokon
5 cm
Cylindroteuthis

Arthropoden

Dies ist die größte aller Tiergruppen. Dazu gehören Insekten, Spinnen, Skorpione, Krebse, Hummer, Krabben, Garnelen, Entenmuscheln, Ostrakoden, Tausendfüßler, Hundertfüßler und verschiedene wichtige Fossilgruppen. Die Arthropoden haben ein hartes Außenskelett (Exoskelett) und gelenkige Gliedmaßen. Außer den paläozoischen Trilobiten sind sie fossil nur schwach vertreten. Vorkommen: Kambrium bis rezent.

Crustaceen

Obwohl fossile Crustaceen im Vergleich zu Trilobiten selten sind, gibt es eine Anzahl von Gattungen in kretazischen und känozoischen Formationen. Vorkommen: Kambrium bis rezent.

Hoploparia Ein kleiner Hummer mit langgestrecktem und abgeflachtem Körper. Man unterscheidet drei verschiedene Skeletteile: Kopf, Thorax und Abdomen. Das Rostrum über dem Kopf ist lang und schmal. Lange Beine und große Zangen sind typisch für *Hoploparia* und verwandte Gattungen. Sie ist aus kretazischen und känozoischen Sedimenten weltweit überliefert.

Beyrichia Sie hat ein zweiklappiges Skelett, das die Weichteile umschließt. Ostrakoden sind mikroskopisch klein. Die Mehrzahl hat eine Größe von 0,5 bis 5 mm. Die beiden Klappen unterscheiden sich etwas in der Größe und sind mit einem geraden Schloßrand verbunden. Die eine Klappe enthält Schloßzähne, die andere Zahngruben. *Beyrichia* ist eine stark skulpturierte Gattung mit knotiger und rauher Oberflächenstruktur. Sie kommt von untersilurischen bis mitteldevonischen Sedimenten in Europa, Nordamerika und Australien vor.

Balanus Die Entenmuscheln oder Cirripedier sind hochspezialisierte Crustaceen. Das Skelett ist hier zu einer schützenden Schale modifiziert, die sich aus einigen äußeren Platten zusammensetzt. Sie ist gewöhnlich kegelförmig und hat einen Deckel. Entenmuscheln finden sich seit dem Ordovizium weltweit.

Notopocorystes Dieser kretazische Krebs hat ein ovales, schildförmiges Carapax. Es ist gewöhnlich länger als breit. Oft ist die Oberfläche fein granuliert und hat median eine schmale Knotenrippe. Vorkommen: Europa, Nordamerika, Mittlerer und Ferner Osten.

Aeger Dieser Crustacee ähnelt grob den lebenden Krabben und Garnelen. Er ist jedoch ein Vertreter einer ausgestorbenen Gruppe von schwimmenden Dekapoden. Er hat einen gedrungenen Körper und einen lang vorspringenden Schnabel vor den Augen. Aeger kommt in der Trias und im Jura vor.

Insekten

Die ersten Insekten erscheinen im Silur/Devon. Es sind seltene Fossilien.

Insekt in Bernstein Bernstein ist fossilisiertes Harz von Pinien und anderen Bäumen der *Gymnospermen.* Oft verfangen sich Insekten an der klebrigen Oberfläche von Bäumen und werden dann allmählich in Bernstein eingebettet.

Hoploparia

Beyrichia
(15x)

Notopocorystes

Balanus

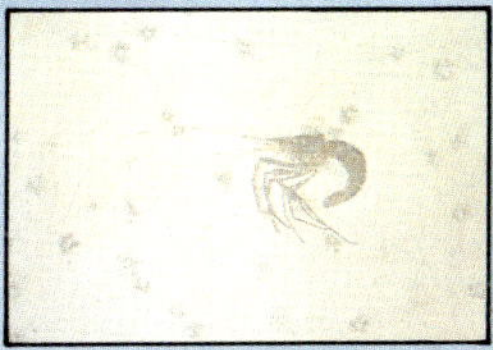

Aeger
(0,1x)

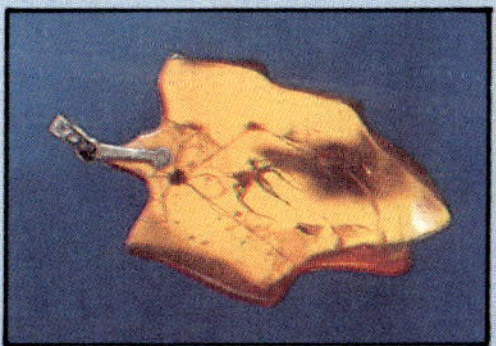

Insekt in Bernstein
(0,5x)

5 cm

Trilobiten

Der Körper dieser ausgestorbenen Arthropoden wird unterteilt in Kopfschild **(Cephalon),** Thorax und Schwanzschild **(Pygidium).** Zwei Kerben ziehen sich der Länge nach über den Körper und trennen eine axial gelegene Spindel von den beiden Seitenbereichen ab. Der Kopf ist gewöhnlich sichel- oder halbkreisförmig und hat eine erhabene Zentralregion, die **Glabella.** Seitlich folgen die Wangen mit den Augen. Gesichtsnähte teilen die Wangen in freie (äußere) und feste (innere) Wangen. Von hier aus können **Wangenstacheln** nach hinten gerichtet sein. Thorax und Pygidium sind segmentiert. Vorkommen: Kambrium bis Perm.

Olenellus Dieser Trilobit hat ein breites, halbkreisförmiges Cephalon mit kurzen Wangenstacheln. Die Glabella hat kurze seitliche Querfalten. *Olenellus* besitzt 14 Thoraxsegmente mit spitzen Seitenenden und ein sehr kleines Pygidium, das von einem langen Stachelfortsatz überlappt wird. *Olenellus* ist aus dem Unter-Kambrium von Schottland, Grönland und Nordamerika bekannt.

Agnostus Diese Gattung beschreibt einen sehr kleinen Trilobiten. Kopf- und Schwanzschild sind von gleicher Größe. Die viereckige Glabella wird durch ein abgegrenztes Band vom Rand des Cephalons getrennt. *Agnostus* hat zwei Thoraxsegmente. Das Pygidium besteht aus einem breiten, dreieckigen Zentralbereich und einem abgegrenzten Außenfeld. *Agnostus* kommt im Ober-Kambrium von Nordamerika (Montana), Europa und China vor.

Trinucleus Das relativ große Cephalon dieser Gattung ist breiter als lang. Die Glabella erweitert sich nach vorn zu. Ein Band von radialen Kerben zieht sich außen um den Kopfschild. Die langen Wangenstacheln sind beinahe zweimal so lang wie Thorax und Pygidium zusammen. Der Thorax hat sechs Segmente. Unteres und Mittleres Ordovizium der Britischen Inseln und Skandinavien.

Ampyx Ein kleiner Trilobit mit einem langen Stachel, der von der aufgeblähten Glabella nach vorn gerichtet ist. Er hat nur sechs Thoraxsegmente. Das Pygidium ist kurz und breit. *Ampyx* ist aus dem Mittleren Ordovizium von Nordamerika und Europa bekannt.

Encrinurus Diese Gattung hat eine große, aufgeblähte Glabella, die mit kleinen Pocken besetzt ist. Diese bedecken auch die Wangen und geben dem Cephalon eine rauhe Struktur. Die Augen sind klein und gestielt. *Encrinurus* hat zehn oder elf Thoraxsegmente und ein spitz zulaufendes Pygidium. Dieses ist gut segmentiert und mit drei Pockenreihen besetzt. *Encrinus* ist vom Mittleren Ordovizium bis Silur weltweit verbreitet.

Dolichoharpes Dieser ungewöhnliche Trilobit hat ein großes, halbkreisförmiges bis ovales Cephalon. Die Glabella ist stark konvex und hat gut entwickelte Furchen. Große, lange Wangenstacheln begleiten die ganze Länge des Körpers bis zum Schwanz. Der Rand des Cephalons ist mit großen Furchen strukturiert. Zahlreiche Körpersegmente folgen vor dem kurzen, breiten Pygidium. *Dolichoharpes* ist aus dem Mittleren Ordovizium von Nordamerika und Irland überliefert.

Olenellus
Agnostus
Trinucleus
Ampyx
Dolichoharpes
Encrinurus
5 cm

Ellipsocephalus *Ellipsocephalus* hat ein suboval geformtes Cephalon mit gerundeten Wangenecken. Die Glabella ist lang und hat bis zu drei Paar Lateralfurchen. Die 12 bis 14 Thoraxsegmente haben seitlich gerundete Enden. Das Pygidium ist klein und zu einer Platte verschmolzen. Die Gesichtsnaht von *Ellipsocephalus* schneidet das Hinterende des Cephalon innerhalb der Wangenecken. Diese Art der Gesichtsnaht nennt man opisthopar. *Ellipsocephalus* ist aus unter- und mittelkambrischen Sedimenten von Europa, Marokko und Australien bekannt.

Angelina *Angelina* ist ein Vertreter der gleichen Überfamilie wie *Olenus* (s. u.). Die Fazialsutur ist opisthopar. *Angelina* ist wesentlich größer als *Olenus* und verfügt über eine schmale Glabella und lange Wangenstacheln. Der Thorax ist aus zahlreichen Segmenten mit stacheligen Seitenenden zusammengesetzt. *Angelina* bleibt auf das Untere Ordovizium beschränkt. Sie ist nur aus Wales und Ostkanada bekannt.

Olenus *Olenus* ist ein kleiner Trilobit mit verkleinertem Schwanz. Das Cephalon ist breit und gedrungen. Die subzylindrische Glabella hat zwei oder drei Paar Lateralfurchen. Die Gesichtsnaht schneidet das Hinterende des Cephalons innerhalb der kurzen Wangenstacheln. *Olenus* hat 13 bis 15 Thoraxsegmente. Er ist im Ober-Kambrium in der Atlantischen Provinz verbreitet.

Ogygiocaris Pygidium und Cephalon dieser Gattung sind annähernd gleichgroß. Letzteres ist halbkreisförmig und hat kurze Wangenstacheln. Die Augen sind sichelförmig, die Gesichtsnaht ist opisthopar. *Ogygiocaris* hat acht Thoraxsegmente. In unter- und mittelordovizischen Sedimenten von Nordeuropa tritt sie lokal häufig auf.

Bumastus *Bumastus* ist ein eher ungewöhnlicher Trilobit. Er hat ein kompaktes Skelett. Cephalon und Pygidium sind annähernd gleich groß. Beide sind glatt, gerundet und unsegmentiert. Die kurze Gesichtsnaht beginnt an der Seite des Kopfes auf Höhe der Augen. *Bumastus* hat zehn Thoraxsegmente. Er tritt weltweit in unterordovizischen bis silurischen Sedimenten auf.

Pseudogygites Ein mittelgroßer Trilobit mit opisthoparer Gesichtsnaht. Er hat acht Thoraxsegmente. Cephalon und Pygidium sind annähernd gleich groß. Das Cephalon ist schaufelförmig, besitzt sichelförmige Augen und kurze Wangenstacheln. Eine breite Spindel ist charakteristisch für diese Gattung. Der Außenrand des Pygidiums ist flach und mit konzentrischen Linien besetzt. *Pseudogygites* ist aus dem Mittleren und Oberen Ordovizium von Kanada bekannt. Schöne Stücke findet man in der Nähe von Bowmanville in Ontario.

5 cm
Angelina
Ellipsocephalus
Olenus
Ogygiocaris
Bumastus
Pseudogygites

Calymene Der Kopf dieses bekannten, mittelgroßen Trilobiten ist um einiges größer als der Schwanz. Der Kopf besitzt die Form eines Halbkreises; die stark konvexe Glabella verjüngt sich nach vorne zu und ist seitlich gelappt. Die größten Loben befinden sich an ihrem Hinterende. Die Gesichtsnähte ziehen sich von der Vorderkante des Cephalons hinter den kleinen Augen vorbei bis an die Wangenecken. Gewöhnlich sind 13 Thoraxsegmente vorhanden. Das Pygidium ist zu einer Platte verschmolzen, trotzdem lassen sich hier sechs Spindelringe unterscheiden. *Calymene* reicht vom Unter-Silur bis zum Mittel-Devon. Sie ist weltweit verbreitet.

Flexycalymene Diese Gattung und die verwandte *Calymene* gehört zu der gleichen Familie von Trilobiten. Die beiden unterscheiden sich nur gering, jedoch wird Flexycalymene oft in eingerolltem Zustand gefunden. Der Schwanz ist ganz unter den Kopfschild geklappt. Dies dient zum Schutz gegen Angreifer. *Flexycalymene* hat an ihrer Glabella drei Paar Loben, wobei das hinterste Paar kreisförmig ist. Das Pygidium ist tief zerfurcht. *Flexycalymene* ist älter als *Calymene*. Gute Stücke wurden in mittel- und oberordovizischen Gesteinen von Europa (z. B. Spanien) und Nordamerika (z. B. Ohio) gefunden.

Phacops Diese Gattung hat ein kompaktes Skelett mit großem Kopf und mittelgroßem Schwanzschild. Auf dem Cephalon dominiert die aufgeblähte, stark konvexe Glabella. *Phacops* hat sehr große Augen und propare Gesichtsnähte, 11 Thoraxsegmente und ein zu einer Platte verschmolzenes Pygidium. Viele Fundstücke sind zu einer dichten Kugel zusammengerollt. *Phacops* ist im Silur und Devon weltweit bekannt.

Dalmanites *Dalmanites* ist mit *Phacops* verwandt. Er ist gewöhnlich größer und unterscheidet sich verschiedentlich. Das Cephalon ist halbkreisförmig und hat lange Wangenstacheln. Ein kurzer Stachel befindet sich auch vorn am Cephalon. Die Glabella expandiert nach vorne, und die Augen sind groß und sichelförmig. *Dalmanites* hat 11 Thoraxsegmente. Das Pygidium ist groß und hat einen langen Stachel. *Dalmanites* ist in Europa, Nordamerika und Südamerika bekannt. Er reicht vom Silur bis Unter-Devon.

Greenops Der Kopfschild von *Greenops* gleicht mit seiner aufgeblähten Glabella und den großen, sichelförmigen Augen dem von *Phacops*. Er besitzt jedoch große Wangenstacheln und ein einzigartiges Pygidium. Es ist relativ klein und hat eine stark segmentierte Spindel. Der Rand ist typisch gezackt. *Greenops* ist aus mitteldevonischen Sedimenten von Europa und Nordamerika überliefert.

Calymene
Flexicalymene
Phacops
Dalmanites
Greenops
5 cm

Echinodermen

Die Skelette dieser Invertebraten sind aus kalkigen Platten aufgebaut, welche unter der äußeren Gewebeschicht gebildet werden. Vorkommen: Kambrium bis rezent.

Crinoideen

Seelilien haben einen kelchförmigen Körper **(Theka).** Er besteht aus verschiedenen regelmäßig angeordneten Ringen und Kalkplatten. Die meisten Crinoideen haben auch gegliederte Arme und Stiele. Sie sind aus scheibenförmigen **Trochiten** zusammengesetzt. Vorkommen: Kambrium bis rezent.

Amphorocrinus Diese Gattung hat einen niedrigen, ovalen bis halbkugelförmigen Kelch aus drei Basalplatten, einer zweiten Reihe aus sechs Platten; darüber folgen zwei Reihen von Armplatten. Eine aus sechseckigen Platten zusammengesetzte erhöhte Fläche oder eine röhrenförmige Verlängerung bildet die Kelchdecke. 10 bis 30 biseriale Arme können vom Kelch ausgehen. *Amphorocrinus* ist aus dem Oberkarbon Europas und Nordamerikas bekannt.

Phanocrinus Der Kelch dieses etwas kleineren Crinoiden aus dem Karbon von Nordamerika besteht aus drei Reihen von großen, verschmolzenen Platten. Seine fünf dicken und starken Armpaare bestehen aus Säulen von gerundeten Platten.

Stellarocrinus Dies ist ein kleiner, kompakter Crinoide. Sein Kelch ist schüsselförmig und besteht aus drei Plattenreihen. Der Stiel ist recht robust, und die Arme bestehen aus zwei Plattenreihen (biserial). Sie verzweigen sich direkt über dem Kelch. *Stellarocrinus* stammt aus dem Ober-Karbon (Pensilvanian) und ist nur aus Nordamerika bekannt.

Abatocrinus Diese Gattung hat einen kleinen, gerundeten oder spitz geformten Kelch. Er setzt sich aus drei Plattenreihen zusammen, von denen die Basalplatten die größten sind. Die obere Bedeckung ist aus sechseckigen Platten aufgebaut. Kleine Löcher am Außenrand der Kelchdecke deuten auf den Armansatz. Vorkommen: weltweit im Unter-Karbon.

Marsupites Dies ist ein großer, stielloser Crinoide. Der Kelch ist aus drei Reihen von jeweils fünf großen Platten zusammengesetzt. Der Stiel wird durch eine einzelne große Platte vertreten. Die Platten zeigen ein charakteristisches Muster von Rippen. Die Arme von *Marsupites* sind kurz und relativ klein. Er ist aus der Ober-Kreide von Europa und Nordamerika bekannt.

Apiocrinus (Apiocrinites) Dieser Crinoide hat einen großen, stromlinienförmigen Kelch. Die oberen Stielglieder und die Basalplatten sind miteinander verschmolzen. Die Radialplatten sind relativ klein, darüber folgen vier Reihen von Brachialplatten. Sie sind ebenfalls mit dem Kelch verschmolzen. Bei gut erhaltenen Stücken sind zehn Arme vorhanden. *Apiocrinus* ist nur aus dem Jura von Europa bekannt. Haftscheiben von Crinoiden sind recht selten; das Beispiel zeigt die Form eines Abdruckes.

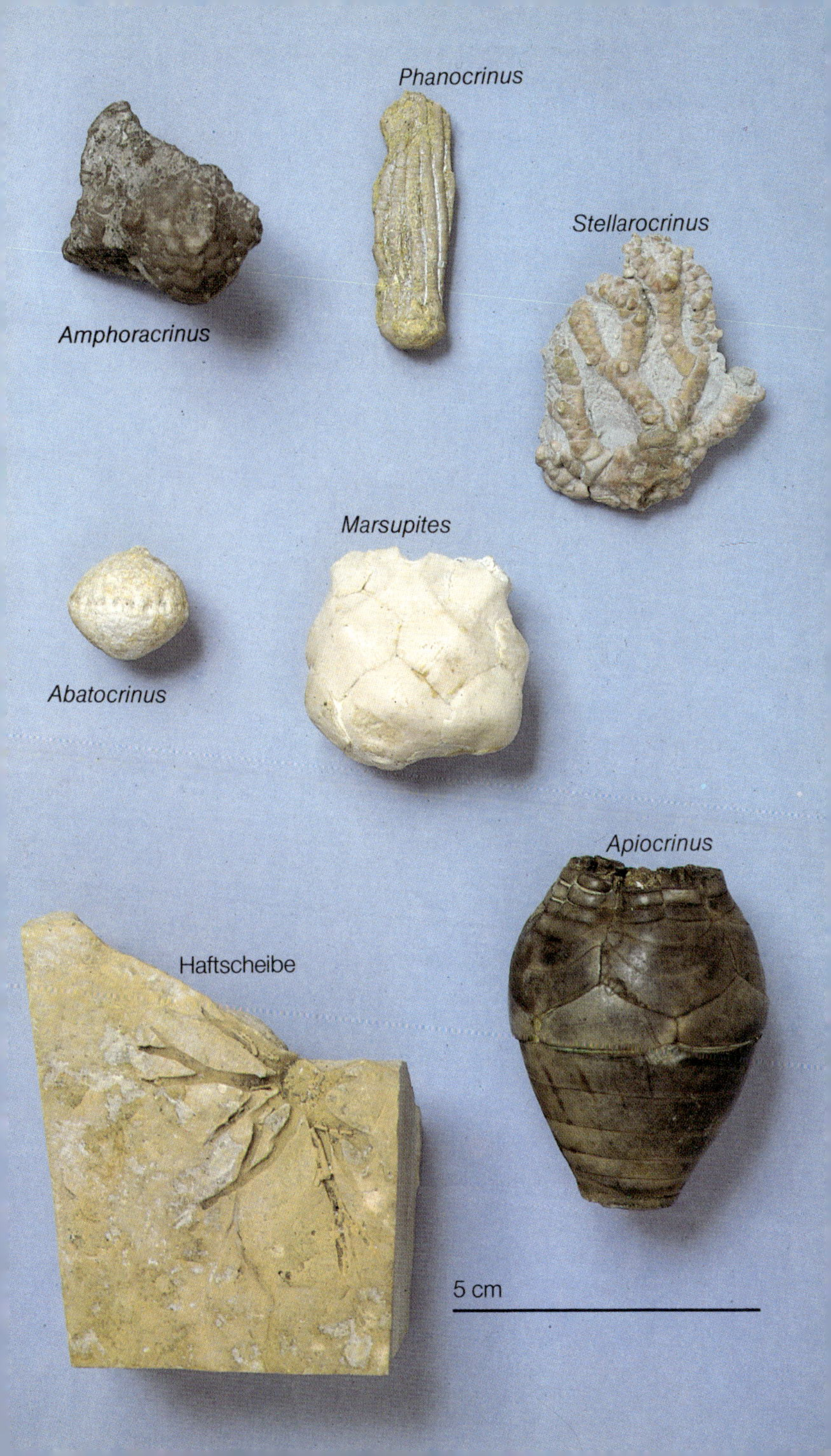
Phanocrinus
Amphoracrinus
Stellarocrinus
Marsupites
Abatocrinus
Apiocrinus
Haftscheibe
5 cm

Echinoideen

Die Seeigel haben ein festes Gehäuse, das aus zahlreichen Platten aufgebaut ist. Diese sind in zehn radialen Feldern rund um das Tier angeordnet. Der Mund befindet sich auf der Unterseite, während sich der After oft innerhalb eines runden Plattenkomplexes, dem **Apikalfeld,** auf der Oberseite befindet. Von den 10 Feldern unterscheidet man schmale, mit Poren besetzte **Ambulakralfelder** und breitere **Interambulakralfelder.** Bei einigen Arten haben Mund und After ihre ursprüngliche Position verändert. Das Seeigelgehäuse kann kugelförmig, konisch oder scheibenförmig sein. Vorkommen: Ordovizium bis rezent.

Cidaris *Cidaris* ist ein regulärer Seeigel, denn Mund und After sind in zentraler Position bzw. oben und unten. Cidaroide Seeigel kommen seit dem Ober-Silur vor. *Cidaris* hat ein robustes, stark skulpturiertes Gehäuse. Es ist beinahe kugelförmig und hat große Warzen zur Befestigung starker Stacheln auf jeder der Interambulakralplatten.

Phymosoma Dies ist ein kleiner bis mittelgroßer regulärer Seeigel mit abgeflachtem, scheibenförmigem Gehäuse. Er hat eine starke Skulptur aus dichtständigen Warzen. Die Platten im Mund- und Afterfeld fehlen und täuschen große ventrale und dorsale Öffnungen vor. Vom erhabenen Zentralbereich der größeren Warzen gehen kleine radiale Rippen aus. *Phymosoma* ist aus oberjurassischen Sedimenten von Europa, Nordafrika, Indien und Amerika überliefert.

Hemicidaris Diese Gattung hat, wie *Phymosoma,* ein kleines bis mittelgroßes Gehäuse. Jedoch ist es etwas höher, obwohl die Unterseite abgeflacht ist. Die interambulakralen Warzen sind stark entwickelt, so konnten sie lange Stacheln tragen. Die Ambulakralfelder haben ebenfalls Höcker, besonders zum Ventralbereich des Gehäuses. *Hemicidaris* reicht vom Ober-Jura bis in die Ober-Kreide und ist weltweit verbreitet.

Pygaster Dieser mittelgroße irreguläre Seeigel hat ein gesetztes, etwas abgeflachtes Gehäuse. Im Gegensatz zu *Cidaris* ist hier der After etwas aus der zentralen Position versetzt. *Pygaster* hat kleine Warzen, die nur das Tragen schwacher Stacheln erlaubten. Die fünf Ambulakralfelder ziehen sich radial vom Apikalfeld nach außen. *Pygaster* reicht vom Ober-Jura bis in die Ober-Kreide und bleibt auf Europa beschränkt.

Acrosalenia *Acrosalenia* ist ein kleiner Seeigel mit abgeflachtem Gehäuse. Er hat große Warzen auf den Platten der Interambulakralfelder. Der After ist leicht aus dem Zentrum des Apikalfeldes ausgewandert. Auf jedem Ambulakralfeld verlaufen zwei Reihen kleiner Höcker. Diese erscheinen etwas krumm. *Acrosalenia* ist aus Sedimenten des Jura und der Kreide aus Europa und Ostafrika bekannt.

5 cm
Cidaris
Phymosoma
Hemicidaris
Pygaster
Acrosalenia

Clypeaster Dieser Seeigel hat ein mittelgroßes bis großes Gehäuse. Es ist abgeflacht und hat gerundete Umrisse. Der Mund liegt fast in der Mitte der Ventralseite, während der After sich nach außen verschoben hat. Eine lange Furche zeigt seine Position auf der Oberfläche des Gehäuses an. *Clypeaster* lebt teilweise eingegraben auf dem Meeresboden, und die Ambulakralfelder reichen nur bis an den Außenrand seines Gehäuses. Auf den weiten Interambulakralfeldern fehlen die robusten Warzen der anderen Gattungen. *Clypeaster* kommt seit dem Oberjura vor.

Holectypus *Holectypus* ist ein mittelgroßer irregulärer Seeigel. Das Gehäuse ist an der Unterseite abgeflacht, aber sonst halbkugel- oder kugelförmig. Mund und After befinden sich auf der Ventralseite. Die Ambulakralfelder gehen radial vom Apikalfeld aus und lassen sich um das Gehäuse bis zum Mund verfolgen. Starke Warzen lassen sich weder auf Ambulakral- noch auf Interambulakralplatten finden. *Holectypus* kommt im Jura und in der Kreide von Europa und Nordamerika vor.

Conulus Dieser kleine irreguläre Seeigel hat ein hochkonisches Gehäuse. Die Unterseite ist abgeflacht und trägt Mund und After. Auf den Interambulakralfeldern finden sich zahlreiche kleine Warzen. Die Ambulakralfelder sind recht schmal und gerade. *Conulus* ist aus der Ober-Kreide von Europa, Nordamerika, Nordafrika und Asien bekannt.

Micraster *Micraster* ist einer der bekanntesten fossilen Seeigel. Er hat ein charakteristisch herzförmiges Gehäuse mit abgeflachter Unterseite. Es erscheint leicht aufgebläht, und die Hinterregion ist höher als die vordere. Er hat fünf petaloide (blattförmige) gezähnte Ambulakralfelder auf seiner Oberseite, die sich radial vom Zentrum aus strecken. Das vordere Ambulakralfeld verläuft in einer Rille. Der Mund ist nach vorne gewandert, der After ans Hinterende. *Micraster* wird als Leitfossil für die Ober-Kreide von Europa verwendet. Er kommt auch im Mittelmeergebiet, auf Kuba und Madagaskar vor.

Nucleolites *Nucleolites* ist mit *Clypeaster* verwandt. Er ist jedoch viel kleiner, und das Gehäuse ist etwas mehr gewölbt. Die äußere Begrenzung ist beinahe kreisförmig. Hinten erscheint eine deutliche Kerbe, die den After enthält. Der Mund ist auf der Unterseite nach vorn gewandert. Die fünf Ambulakralfelder erscheinen leicht petaloid. *Nucleolites* reicht vom Mittel-Jura zur Unter-Kreide. Er ist aus Europa und Afrika bekannt.

Scutella Dieser große bis mittelgroße Seeigel hat ein abgeflachtes Gehäuse, das im Innern durch Verstrebungen versteift wird. Die Ambulakralfelder sind kurz und stark petaloid. Der Mund ist auf der Unterseite zentral gelegen und der After am Rand plaziert. Vom Außenrand bis zum Mund erstrecken sich Kerben zur Nahrungsaufnahme. Das Gehäuse ist halbkreisförmig. Vorkommen: Miozäne Sedimente von Europa und Nordafrika.

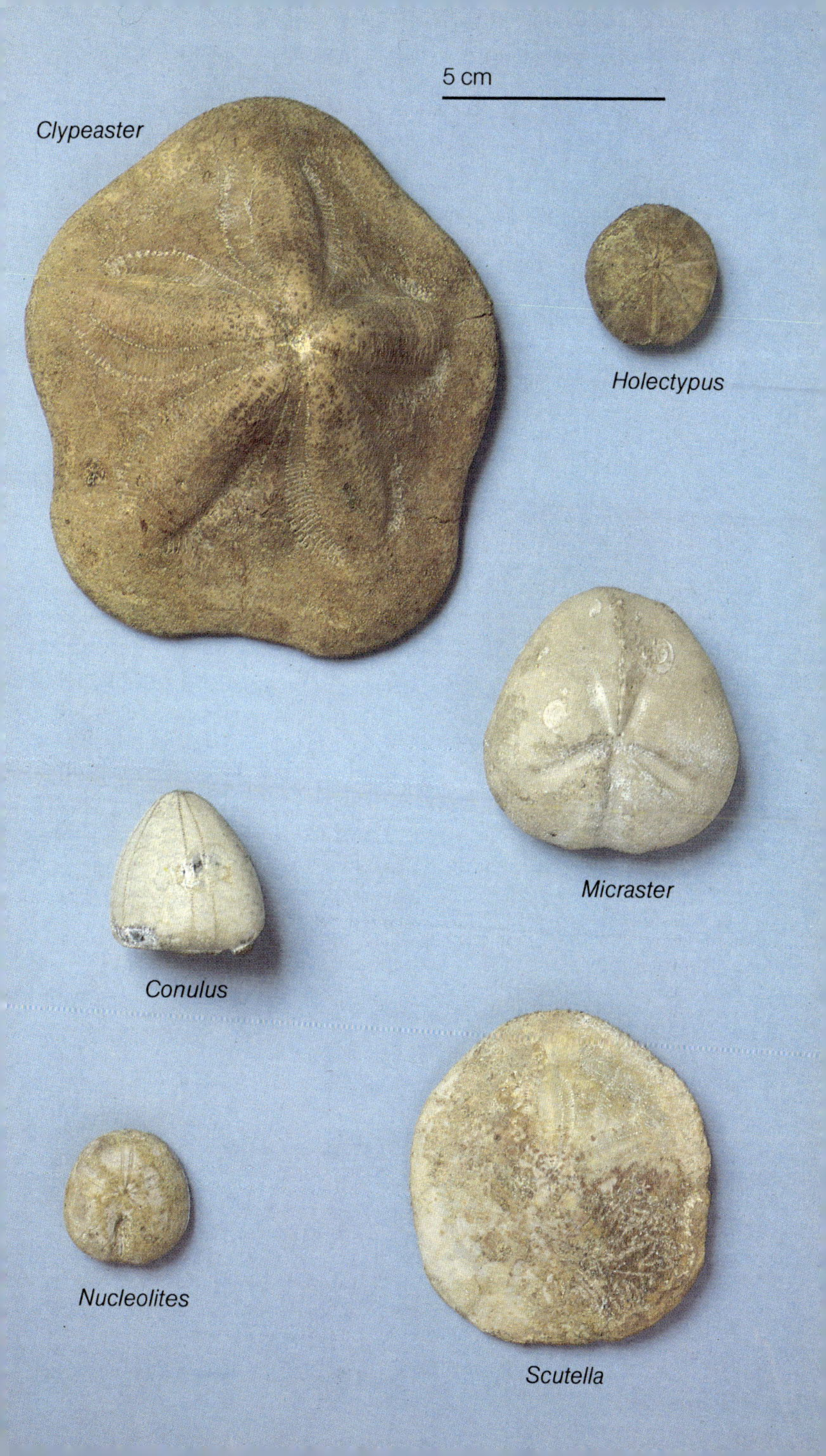
5 cm
Clypeaster
Holectypus
Micraster
Conulus
Nucleolites
Scutella

Blastoideen

Blastoideen sind Echinodermen, die sich aus einem knospenförmigen Kelch und einem gut entwickelten Stiel zusammensetzen. Sie zeigen eine ausgesprochen radiale Symmetrie mit fünf länglichen, blattförmigen Ambulakralfeldern. Der Kelch oder die **Theka** besteht aus 13 Platten. Blastoideen lebten ausschließlich marin und werden meist in Flachwasserkalken gefunden. In Deutschland sind sie relativ selten. Vorkommen: Silur bis Perm.

Pentremites *Pentremites* hat eine deutliche Radialsymmetrie. Neben den fünf Ambulakralfeldern erscheinen fünf Spiracula oder Öffnungen um den Mund herum. Der Kelch ist knospenähnlich und besteht aus einer begrenzten Anzahl von großen Platten. Jedes Ambulakralfeld bildet eine V-förmige Kerbe. Der Kelch ist der resistentere Teil des Skeletts. *Pentremites* bleibt auf karbonische Sedimente von Nord- und Südamerika beschränkt.

Orbitremites Ein kleiner, rundlicher Blastoidee mit schmalen, am Kelch ausgestülpten Ambulakralfeldern, die nach außen etwas größer werden. Die Interambulakralfelder sind breit und bestehen aus drei großen Platten. Fünf Spiracula gruppieren sich um den Mund. Eine davon ist vergrößert und enthält den After. *Orbitremites* ist von unterkarbonischen (Mississippian) bis permischen Sedimenten von Europa und Nordamerika bekannt. Schöne Fundstücke sind aus karbonatischen Sedimenten von Osagian (Unter-Mississippian), Iowa, USA, überliefert.

Cryptoblastus Ein kleiner, melonenförmiger Blastoidee mit fünf winzigen Spiracula auf der Kelchdecke. Die Ambulakralfelder sind weniger deutlich zu erkennen als die von *Pentremites*. Die radiale Symmetrie der Blastoideen ist aber eindeutig. *Cryptoblastus* ist aus dem Unter-Karbon von Nordamerika bekannt.

Globoblastus Ein kleiner bis mittelgroßer Blastoidee mit beinahe kugelförmiger Theka. Auf der Deckfläche hat er eine auffallende siebförmige Platte. Er ist nur aus dem Unter-Karbon von Nordamerika bekannt.

Cystoideen

Vertreter dieser Echinodermengruppe haben eine beutelähnliche oder kugelförmige Theka, die sich aus bis zu 1500 Einzelplatten zusammensetzen kann. Sie sind unregelmäßig angeordnet und vielfach mit Poren durchsetzt. Arme können vorhanden sein. Der Stiel der Cystoideen ist unterschiedlich lang und wurde in einigen Fällen möglicherweise zur Fortbewegung über den Meeresboden benutzt.

Holcocystites *Holcocystites* hat eine längliche, beutelförmige Theka, die sich aus verschiedenen regelmäßigen Plattenreihen zusammensetzt. Sie sind relativ groß und stets sechseckig. Die Platten werden zum Oberende der Theka hin kleiner. *Holcocystites* ist ein Vertreter der Rhombifera, einer Gruppe von Cystoideen, die durch rhombenförmige Porenfelder charakterisiert sind. Ungefähr 50 Arten von *Holcocystites* sind aus silurischen Sedimenten der zentralen Bereiche der USA bekannt.

5 cm
Pentremites
Orbitremites
Cryptoblastus
Holocystites
Globoblastus

Asterozoen/Ophiuroideen

Besser bekannt sind sie als Seestern und Schlangenstern. Obwohl sie schon seit dem Ordovizium vorkommen, sind sie relativ seltene Fossilien. Gelegentlich finden sich Stücke als Pseudomorphosen und Abdrücke in Tonen und anderen feinkörnigen Sedimenten. Vorkommen: Ordovizium bis rezent.

Metopaster Dies ist ein großer bis mittelgroßer Seestern. Eigentliche Arme fehlen ihm. Sein Körper ist fünfeckig. Der Hauptteil des Körpers besteht aus zahlreichen winzigen Platten. Auf der Oberseite sind sie, im Gegensatz zur Unterseite, unregelmäßig zusammengesetzt. Ambulakral- und Interambulakralfelder lassen sich unterscheiden. *Metopaster* wird von einem äußeren Kranz von großen Marginalplatten charakterisiert. Diese findet man oft einzeln in Kreidesedimenten von Nordeuropa.

Palaeocoma *Palaeocoma* ist ein typischer Vertreter der Schlangensterne. Er hat eine gut erkennbare Zentralscheibe und fünf lange dünne Arme. Der Mund befindet sich auf der Unterseite und ist von fünf einzelnen Buccalscheiben umgeben. Ophiuroideen haben keinen After. Auf der Unterseite ist der innere oder proximale Bereich der Arme verlängert und erreicht den Mund. *Palaeocoma* und verwandte Gattungen sind seit dem Jura bekannt. Die lebende *Ophioderma* wird von dieser Gattung abgeleitet. Schlangensterne sind weltweit bekannt.

Lapworthura Dieser Schlangenstern hat eine große Zentralscheibe und robuste Arme. Der Mund liegt zentral inmitten einer sternförmigen Anordnung von kleinen Platten. Wie bei *Palaeocoma* reichen die Arme auf der Unterseite der Scheibe bis zur Oralregion. Die Arme sind breit und haben vertikale Stacheln *Lapworthura* ist aus oberordovizischen und silurischen Sedimenten der Britischen Inseln und Australien bekannt. Gutes Material findet man im Mittleren Silur an der Grenze zu Wales in Großbritannien.

CARPOIDEEN Die Carpoideen sind kleine bis mittelgroße Echinodermen. Sie haben eine eindeutig abgegrenzte Theka mit großen Platten an der Oberseite. Diese Platten sind gewöhnlich entlang der Längsachse des Körpers aufgereiht, eine deutliche Radialsymmetrie wie bei anderen Echinodermen fehlt jedoch. Einige Carpoideen haben einen gut erkennbaren Stiel oder »Schweif« und kurze, armähnliche Strukturen. Die Mehrzahl sind frei bewegliche Tiere und ruhen oder kriechen über den Meeresboden. Man nimmt an, daß die Carpoideen, oder Calcichordaten, wie sie oft genannt werden, die Urahnen der Fische waren. Vorkommen: Mittel-Kambrium bis Ober-Devon.

Lagynocystis Dies ist eine kleine Homalozoe mit abgeflachtem, beutelförmigem Körper. Sie ist länger als breit und stark asymmetrisch. Eine einzelne Brachiole geht von der linken vorderen Ecke der Theka aus. Der Stiel oder Schweif ist stark reduziert oder fehlt ganz. Die pyramidenförmige Art *L. pyramidalis* ist aus dem Mittleren Ordovizium von Böhmen bekannt. Zweifelhafte Lagynocystiten sind in Großbritannien im Grenzgebiet zu Wales gefunden worden.

Metopaster
Palaeocoma
5 cm
Lapworthura
Lagynocystis

Graptolithen

Graptolithen sind koloniebildende marine Tiere, die während des Paläozoikums lebten. Die Kolonien **(Rhabdosome)** bestehen aus einem oder mehreren Ästen, von denen jeder eine Anzahl von becherartigen Strukturen **(Theken)** trägt. Bei den strauchartigen Dendroideen kommen zwei Typen von Theken vor, bei den Graptoloideen nur einer. Die Graptolithen reichen vom Ober-Kambrium bis zum Ober-Karbon.

Dendroideen

Dictyonema Dies ist eine der bekanntesten Dendroideen. Das konische Rhabdosom besteht aus vielen feinen Ästen. Jeder Ast trägt zahlreiche winzige Theken. Die Gattung kommt weltweit in Tiefwassersedimenten vom Ober-Kambrium bis zum Karbon vor.

Graptoloideen

Phyllograptus *Phyllograptus* ist ein Vertreter der Familie der Tetragraptiden. Die Kolonie besteht aus vier Zweigen, die der Länge nach miteinander verbunden sind. Im Querschnitt ist die Kolonie kreuzförmig. Die Theken sind lang und leicht gebogen und »Rücken an Rücken« befestigt. Die große Mehrzahl der Exemplare wurde während des Kompaktionsprozesses flachgedrückt. Deshalb tritt *Phyllograptus* blattähnlich in Erscheinung. In den Schwarzschiefern des Unteren Ordoviziums ist die Gattung lokal sehr häufig. Sie ist weltweit bekannt.

Tetragraptus Dieser Graptolith verzweigt sich paarig zu einem vierästigen Rhabdosom. Die Kolonie ist bilateral symmetrisch. Jeder Ast ist mit zahlreichen dichtständigen, zahnartigen Theken besetzt. Diese geben den Ästen eine sägeblattähnliche Erscheinung. Vier Äste sind charakteristisch. *Tetragraptus* kommt in den Schwarzschiefern des Unteren Ordoviziums weltweit vor.

Dicranograptus Die Kolonie dieser Gattung ist in zwei unterschiedliche Abschnitte aufgeteilt. Der untere Bereich besteht aus einem einzelnen Ast, der auf beiden Seiten mit einer Reihe von Theken besetzt ist. Darüber teilt sich die Kolonie in zwei Äste mit jeweils einer Thekenreihe auf. Diese sind leicht gebogen oder gerundet. *Dicranograptus* reicht vom Unteren Ordovizium bis ins Obere Ordovizium und ist in Europa, Nordamerika, Südamerika, Australien und Asien verbreitet.

Didymograptus Die Rhabsodome der mannigfaltigen Arten dieser Gattung haben zwei Äste. Sie hängen wie die Zinken einer Stimmgabel herab oder sind an der Verzweigungsstelle soweit auseinandergespreizt, daß sie beinahe eine gerade Linie bilden. Die Theken sind gewöhnlich einfach gestaltet, zahnartig oder leicht gebogen. Zwei wichtige Arten mit der Stimmgabelform kommen im Unteren Ordovizium vor. Die häufigere dieser beiden ist *D. murchisoni.* Die viel kleinere andere verwandte Art ist *D. bifidus. Didymograptus* ist weltweit während des Unteren Ordoviziums bekannt.

5 cm
Dictyonema
Tetragraptus
Phyllograptus
Didymograptus
Dicranograptus

Orthograptus Die Kolonie dieser Gattung ist verzweigt, und die Theken sind auf beiden Seiten des Astes aufgereiht (biserial). Diese sind verhältnismäßig groß, gerade oder leicht gebogen. An ihrem oberen Rand befinden sich kleine Stacheln. *Orthograptus* ist weltweit aus oberordovizischen und untersilurischen Sedimenten bekannt.

Climacograptus *Climacograptus* ist wie *Orthograptus* biserial. Die Theken sind groß und leicht einwärts, zum Ast hin gebogen. Ebenso sind sie auf jeder Seite voneinander abgesetzt. Die Kolonie ist langgestreckt und hat einen kreisförmigen Querschnitt. Am einen Ende trägt sie einen Doppelstachel. *Climacograptus* ist weltweit aus ordovizischen und untersilurischen Gesteinen bekannt. Fundstellen gibt es im Frankenwald, im Thüringer Wald und im Erzgebirge.

MONOGRAPTIDEN Die Monograptiden haben eine einästige Kolonie und die Theken sind nur an einer Seite aufgereit (uniserial). Die einzelnen Arten lassen sich an Form und Art ihrer Theken unterscheiden. Man kennt einfach gezähnte bis zu einwärts gebogene oder zerlappte Formen. Die Monograptiden leiten im Silur von Nordamerika und den Britischen Inseln. Häufig sind sie auch in der Baltischen Region von Schweden, Südschottland und Oklahoma, USA.

Rastrites *Rastrides* ist ein Monograptide. Auf dem Einzelast sind die Theken uniserial aufgereit. Der Ast ist jedoch leicht gebogen und die Theken sind lang und röhrenförmig. Sie halten einen gewissen Abstand zueinander und geben der Kolonie eine aufgelockerte Erscheinung. Der Anfangsteil der Kolonie kann dicht eingerollt sein. *Rastrites* ist auf untersilurische Sedimente begrent. Mit Ausnahme von Südamerika (und möglicherweise Nordamerika) ist er weltweit bekannt.

Cyrtograptus Diese Gattung hat eine ähnliche geographische Verbreitung wie *Rastrites*, jedoch sind auch gute Exemplare aus den Mittel-Silur (Niagaran) von Idaho in USA bekannt. *Cyrtograptus* ist mit *Monograptus* verwandt, jedoch verzweigt. Der Hauptast ist spiralig und zahlreiche Nebenäste wachsen radial nach außen. Die Außenkante eines jeden Astes ist mit vielen Theken besetzt. *Cyrtograptus* leitet im Mittel-Silur.

Climacograptus
Orthograptus
Rastrites
5 cm
A
B
Cyrtograptus

Vertebraten

Vertebraten haben ein innenliegendes Skelett aus Knorpel oder Knochen. Einige von ihnen, die frühen Fische, die Schildkröten und die Gürteltiere besitzen einen schützenden Panzer, der entweder den Kopf bedeckt oder den Körper umschließt. Die meisten Funde bestehen aus einzelnen Zähnen und Knochen. Vorkommen: Unteres Ordovizium bis rezent.

Fische

Die ältesten fossilen Fische erscheinen im Unteren Ordovizium. Knochenfische und Fische mit knorpeligem Skelett kommen an der Wende Silur/Devon hinzu.

GEPANZERTE FISCHE

Cephalaspis Der Kopf dieser Gattung ist mit einem schweren, knöchernen Schild, der Körper mit dicken Schuppen bedeckt. Von den Ecken des Kopfpanzers gehen nach hinten gerichtete Hörner oder Stacheln aus. In der Mitte der Dorsalfläche befinden sich die Augen. *Cephalaspis* ist aus dem Ober-Silur und Devon von Europa und Nordamerika bekannt.

HAIFISCHE UND ROCHEN

Ptychodus Dieser Hai hat plattige Zähne zum Knacken von Schalentieren. Die Zähne sind ungefähr viereckig und haben eine starke Berippung auf der Oberseite. *Ptychodus* ist aus kretazischen Sedimenten in Europa, Nordamerika, Afrika und Asien bekannt.

Odontaspis *Odontaspis* ist ein lebender Sandhai. In der Ober-Kreide von Europa tritt er er erstmals auf, ist aber in jüngeren Sedimenten weltweit verbreitet. Skelettreste beschränken sich auf Zähne. Sie sind lang und scharf zugespitzt und haben auf einer Seite eine kleine Nebenspitze.

Myliobatis Wie die Haie, haben auch die Adlerrochen ein Knorpelskelett. Ihre Zähne findet man in Sedimenten der Ober-Kreide und des Tertiärs. Die Zähne sind breit und abgeflacht, sie sind zu einer Zahnplatte miteinander verbunden. *Myliobatis* kommt weltweit vor.

KNOCHENFISCHE

Pycnodus Wie andere Vertebraten, die ihre Beutetiere knacken, hat *Pycnodus* abgeflachte und robuste Zähne. Sie bilden Platten oder Pflaster innerhalb des Mundes. *Pycnodus* ist ein Fisch mit hohem Rücken, von dem viele Arten die Riffe und Felsküsten bevölkern. Er reicht vom Jura bis ins Eozän und ist weltweit verbreitet.

Lepidotes Diese Gattung hat einen kurzen Mund, der von starken Zähnen gesäumt wird. Der Schwanz ist symmetrisch, und die dicken, glänzenden Körperschuppen haben eine charakteristische Rautenform. Die meisten fossilen Fischschuppen werden mit diesem Knochenfisch in Verbindung gebracht. *Lepidotes* ist aus dem Mesozoikum von Europa, Afrika und Nordamerika bekannt.

5 cm

Cephalaspis
Kopfpanzer

Ptychodus
Gaumenzähne

Odontaspis
Zähne

Myliobatis
Zahnplatte

Pycnodus
Gaumenzähne

Lepidotes Schuppen

Reptilien und Vögel

Die Hauptgruppen der stratigraphisch fossil überlieferten Reptilien sind Schildkröten, Krokodile, Ichthyosaurier, Plesiosaurier und Dinosaurier.

ICHTHYOSAURIER Die Ichthyosaurier waren die dominierenden marinen Reptilien der mesozoischen Ära. Man findet einzelne Knochen, seltener ganze Skelette. Wirbel sind sicher die häufigsten Funde. Sie sind gewöhnlich bikonkav und haben dicht nebeneinander an der oberen Fläche zwei Fortsätze. Lang und spitz sind die Zähne der Ichthyosaurier; sie haben tiefe vertikale Rillen. Reste von Ichthyosauriern sind weltweit bekannt.

PLESIOSAURIER Einzelne Knochen und ganze Skelette von Plesiosauriern sind in jurassischen und kretazischen Tonen und Schiefern lokal häufig. Plesiosaurierwirbel sind gewöhnlich größer und flacher als die von Ichthyosauriern. Die Zähne sind lang und spitz, meist fehlen jedoch die bei den Ichthyosauriern auftretenden vertikalen Rillen. Plesiosaurier sind weltweit verbreitet.

SCHILDKRÖTEN Gesteine triassischen Alters enthalten die ersten Schildkröten. In jurassischen, kretazischen und tertiären Schichten sind sie lokal häufig.

Puppigerus Im Gegensatz zu *Trionyx* ist *Puppigerus* eine marine Schildkröte mit glattem Panzer. Die zahlreichen Platten dieses Panzers bilden ein charakteristisches Mosaik. *Puppigerus* ist auf das Eozän von Europa und Nordamerika beschränkt.

Trionyx Die stark berippten bzw. zerfurchten Schildplatten von *Trionyx* sind häufig in Sanden und Tonen tertiären Alters. Die ersten Trionychiden erscheinen in der Kreide und sind in Europa, Nordamerika, Afrika und Asien verbreitet.

KROKODILE Krokodile gehören zu den häufigsten fossilen Reptilien. Sie treten zum ersten Mal in der Trias auf. Lokal sind verschiedene Familien in jurassischen, kretazischen und känozoischen Schichten häufig. Stark skulpturierte Panzerplatten, kräftige Wirbel und Zähne mit scharfen und spitzen Kronen gehören zu den häufigsten Funden.

DINOSAURIER In einigen Gebieten von Nordamerika, Europa und Afrika findet man Reste von Dinosauriern. Während des Mesozoikums waren sie weltweit verbreitet. Gute Funde sind jedoch selten. Aus der Unter-Kreide ist *Iguanodon* mit ganzen Skeletten überliefert. Häufiger findet man jedoch seine Wirbel und flachen Zähne.

VÖGEL Die Vögel haben ihren Ursprung im Jura. Ihre Knochen sind zur Gewichtsersparnis hohl und deshalb extrem empfindlich; sie sind selten fossil überliefert. Die Gelenke zwischen den Knochen der Gliedmaßen treten charakteristisch in Erscheinung.

Wirbel
Zahn
Ichthyosaurier
Wirbel
Plesiosaurier
Trionyx
Panzerknochen
Puppigerus
Panzerknochen
Zahn
Krokodil
Rippe
Zahn-
Fragment
Iguanodon
Vogel
Fuß
5 cm

Säugetiere

Obwohl die Säugetiere bis in die Trias zurückreichen, treten sie bis zum Känozoikum kaum in Erscheinung. Die meisten Säuger werden anhand ihrer Backenzähne identifiziert. Pflanzenfressende Säuger (**Herbivoren**) haben Backenzähne mit hohen Kronen. Diese sind gewöhnlich quadratisch oder rechteckig und haben flache Zahnhöcker. Fleischfresser oder **Karnivoren** haben niedrige und schmale Kronen mit spitzen und scharfen Zahnhöckern.

PFLANZENFRESSENDE SÄUGETIERE

Equus Zur Gattung *Equus* gehören Pferd, Esel und Zebra. Die sehr hohen Zähne haben tiefe Lateralfurchen. Die Backenzähne des Oberkiefers haben quadratische Kronen, die des Unterkiefers rechteckige. Beide zeigen ein kompliziertes Muster aus kurzen sichelförmigen Höckern. Das erste Pferd stammt aus dem Eozän. Man kennt sie aus Europa, Nordamerika, Afrika und Asien.

Caenopus *Caenopus* war ein hornloses Rhinozeros von stattlicher Größe. Der Schädel war ungefähr 30 cm lang und die Backenzähne waren mit sichelförmigen Höckern ausgestattet. *Caenopus* bleibt auf Nordamerika beschränkt und ist nur von unter- und oberoligozänen Sedimenten bekannt.

Elephas Elefanten haben sehr große Backenzähne, die an der Seite zerfurcht sind. Auf der Kaufläche befinden sich ungefähr parallele Rippen quer zur Länge des Zahns. Die ersten Elefanten sind aus pleistozänen Sedimenten überliefert. Man kennt sie aus Europa, Asien und Afrika. Der Name *Elephas* wird nur auf den indischen Elefanten angewendet. In oligozänen Schichten von Süd-Dakota, USA, tritt relativ oft *Loxodonta* auf.

Merycoidodon Merycoidodon war ein schweineähnliches Säugetier mit kurzem, relativ hohem Schädel. Recht niedrige quadratische Zahnkronen tragen sichelförmige Höcker. *Merycoidodon* ist auf das Oligozän von Nordamerika beschränkt und kommt lokal in Süd-Dakota häufig vor.

FLEISCHFRESSENDE SÄUGETIERE Zu den Karnivoren gehören Katze, Hund und Bär. Sie erscheinen im Tertitär, breiten sich aber erst im frühen Känozoikum aus.

Canis Zur Gattung *Canis* gehört der domestizierte Hund, der Wolf und der Dingo. Hunde haben spitzige Eckzähne und Backenzähne mit scharfer Schnittkante, um Fleisch zu zerreißen und Knochen zu brechen. Hunde sind weltweit bekannt. Die ersten erscheinen im Pliozän.

NAGETIERE Die Rodentier sind kleine Säugetiere, deren Kiefer und Zähne auf Knabbern und Zernagen ihrer Nahrung spezialisiert sind. Die Rodentier entwickelten sich aus dem eichhornähnlichen *Paramys* des Paläozäns.

Ischyromys Bei dieser Gattung handelt es sich um ein frühes Eichhörnchen. Die Zahnkronen sind mittelhoch und haben starke, sichelförmige Höcker. Zur Kaufläche hin werden die Zähne breiter, die Zahnflanken sind berippt. *Ischyromys* kommt im Oligozän von Süd-Dakota (USA) vor.

Equus
Zahn
Caenopus
Zahn
Elephas
Zahn-Fragment
Merycoidodon
Ischyromys
Kiefer-Fragment mit Zähnen
Canis
5 cm

Pflanzen

Obwohl fossile Pflanzen seltener vorkommen als fossile Tiere, sind ihre Reste durch die stratigraphische Schichtfolge lokal häufig. Die ersten Anzeichen primitiver Pflanzen stammen aus dem Präkambrium. Unter den ältesten Fossilien waren es die Algen-Stromatolithen. Für das Datieren und Korrelieren von Gesteinen sind Pflanzensporen und Pollen wichtig. Die systematische Einteilung der Pflanzen wird in Pflanzen mit und ohne Gefäße vorgenommen. Die Gefäßpflanzen wiederum (Pflanzen mit Röhrengewebe zum Transport von Wasser und anderen Substanzen) werden in Blütenpflanzen und Sporenpflanzen untergliedert. Pflanzen ohne Gefäße sind spärlich überliefert, während Gefäßpflanzen, wie die Farne, Nadelbäume und Blütenpflanzen relativ häufig sind. Vorkommen: Präkambrium bis rezent.

Algen

Einzellige Blaualgen bilden widerstandsfähige Massen durch Festkleben von Sedimentpartikeln auf ihrer klebrigen Außenfläche. Auf diese Weise bilden sich geschichtete Körper. Solche organischen Sedimentstrukturen sind aus dem Präkambrium und jüngeren Sedimenten überliefert. Sie werden Stromatolithen genannt. Die Mehrzahl stammt aus tidalen und subtidalen Flachwasserbereichen und können über 3 m Durchmesser erreichen. Kleinere Exemplare sind weltweit bekannt. Gute Beispiele kleiner Algen-Stromatolithen der Gattung *Girvanella* findet man in kambrischen Sedimenten von Kalifornien. Charakteristisch ist die runde lagige oder geschichtete Form der Fossilien.
Andere Algen scheiden kalkige Stützstrukturen oder Skelette ab. Dazu gehört auch die plattenähnliche Alge *Halimeda* . Gewöhnlich ist das Skelett zerbrochen und bildet einen Kalksand, in einigen Fällen ist es jedoch in der umgebenden Riffstruktur erhalten. Die Gattungen *Halimeda* und *Goniolithon* sind als Kalkalgen bekannt und stellen wichtige Gesteinsbildner dar. Reste von Kalkalgen sind weltweit fossil überliefert. *Halimeda* ist ein Vertreter der Grünalgen, deren Mehrzahl im flachen Back Reef wächst.
Auch einige Rotalgen scheiden kalkige Skelette ab. Die Mehrzahl der Rotalgen lebt in der Riffgemeinschaft oder entlang von Küstenlinien. Die Gattung *Lithothamnion* ist ein typischer Vertreter dieser Gruppe. Sie inkrustiert eine kugelförmige oder verzweigte Form aus dichtgeschichtetem Calciumkarbonat. *Lithothamnion* und verwandte Gattungen sind in Sedimenten ab dem Jura zu finden.
Auch mikroskopisch kleine Algen scheiden kalkige Skelette ab. Coccolithen kann man zwar mit dem bloßen Auge nicht sehen, aber die mächtigen Akkumulationen ihrer Platten sind weltweit nachgewiesen. Dazu gehört auch die bekannte weiße Schreibkreide der Kliffs von Dover in Südengland. Coccolithen sind die aus Kalkplättchen aufgebauten schützenden Außenskelette von einzelligen Pflanzen. Sie leben planktonisch und sind weltweit bekannt. Die ersten Coccolithen sind in Sedimenten der Ober-Trias überliefert.

Girvanella

5 cm

Stromatolith

Halimeda

Lithothamnion

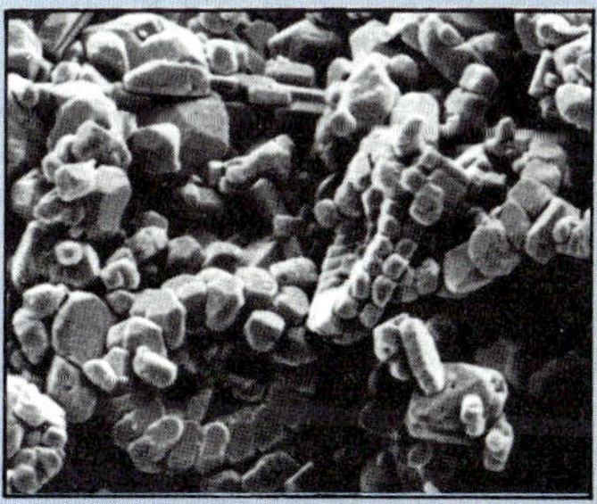

Coccolithen
(2118x)

Farnpflanzen und Nacktsamer

Zu dieser Pflanzengruppe gehören Farne, Baumfarne, Schachtelhalme, Koniferen und verwandte Pflanzen. Sie ist seit dem Silur verbreitet.

Calamites Diese Pflanze ist ein Verwandter der heutigen Schachtelhalme. Starke vertikale Rippen kennzeichnen den zusammengesetzten Stamm. Die einzelnen Stammglieder werden zur Wachstumsspitze hin kürzer. Häufig ist *Calamites* vor allem in den Delta-Sandsteinen des Ober-Karbon (Pennsylvanian).

Annularia *Annularia* und die verwandte Gattung *Sphenophyllum* sind ebenfalls Verwandte des heutigen Schachtelhalms. Im Gegensatz zu *Calamites* sind jedoch vor allem Blattbüschel erhalten. Diese stehen sternförmig um den gegliederten Stamm und sind oft als Abdrücke in Kohleschichten erhalten. *Annularia* ist weltweit aus Sedimenten des Ober-Karbon (Pennsylvanian) bekannt.

Neuropteris *Neuropteris* und verwandte Gattungen, wie *Alethopteris* und *Pecopteris*, sind farnähnliche Pflanzen. Einige sind vermutlich echte Farne. *Neuropteris* ist als Farnsamer bekannt, und es ist schwierig, ihre äußere Form und Gestalt von denen heutiger Farne zu unterscheiden. Die Blätter sind aus einzelnen kleinen Blättchen zusammengesetzt. Hinzu kommt eine starke Nervatur; zahllose Äderchen vereinigen sich zu einer Mittelrippe. Im Gegensatz zu *Alethopteris* sind die Adern lang und leicht gebogen. Im Ober-Karbon (Pennsylvanian) ist *Neuropteris* lokal häufig und in Europa, Nordamerika, Nordafrika und Asien verbreitet.

Alethopteris *Alethopteris* ist wie *Neuropteris* ein kohlebildender Farnsamer aus dem Karbon mit vielfiederigen Blättern, die eine charkteristische Nervatur aufweisen. Die Einzelblättchen sind schlanker und gerader als die von *Neuropteris* und die Adern kürzer und weniger gebogen. *Alethopteris* ist aus Europa, Nordamerika, Nordafrika und Asien bekannt.

Lepidodendron Dies ist eine der bekanntesten kohlebildenden Pflanzen aus dem Karbon. Ihre Reste können 76 cm Länge erreichen; Stämme, Blätter und Wurzeln sind in den kohleführenden Sedimenten überliefert. Weil die verschiedenen Pflanzenteile nicht immer zur gleichen Gattung gestellt wurden, bezeichnet man den Wurzelstock auch als *Stigmaria*. Oft ist der Stamm massiv und trägt eine Krone mit Zweigen. Die über dem Stamm verteilten rhombenförmigen oder ovalen Blattnarben sind spiralig angeordnet. *Lepidodendron* ist aus Europa bekannt.

Glossopteris Der Name dieses Farnsamers bezeichnet eine bestimmte Flora, die für das Ober-Karbon und das Unter-Perm charakteristisch ist. Das Blatt ist lang und schmal mit feiner Nervatur. Die Glossopteris-Flora ist auf den Südkontinenten und Indien zu finden.

Annularia
Blatt
Neuropteris
Blatt
Lepidodendron
Calamites Stamm
Alethopteris
Stigmaria
5 cm
Glossopteris
Blatt

Brachyphyllum Koniferen sind eine wichtige Gruppe der heutigen Pflanzen; Kiefern und Mammutbäume gehören dazu. Sie erschienen erstmals im Karbon und waren teilweise während des Mesozoikums und Tertiärs verbreitet. Die Konifere *Brachyphyllum* wurde in jurassischen Sedimenten gefunden. Die Reste bestehen aus Zweigen mit kurzen Blättern und männlichen und weiblichen Zapfen. Sie war weltweit verbreitet.

Araucaria *Araucaria* ist ein Nadelbaum der Südhalbkugel. Er wurde aber auch als Zierpflanze in nördlichen Ländern kultiviert. *A. araucana* ist als »Chile-Araucarie« und *A. heterophylla* als »Norfolk-Tanne« bekannt. Arten von *Araucaria* erscheinen zum ersten Mal im Unteren Mesozoikum. Man kennt belaubte Zweige, Samenkörner und kompakte kugelförmige Zapfen.

Williamsonia Diese Pflanze ist ein Vertreter der Bennetitales, einer Gruppe von Pflanzen, deren Fortpflanzungsorgane denen der Bedecktsamer stark ähneln. *Williamsonia* hat einen robusten Stamm und zahlreiche farnwedelartige Blätter. Die einzelnen »Blüten« von *Williamsonia* haben eine scheibenförmige Basis, die eine Anzahl von Deckblättern trägt. Sie enthalten Pollen auf nach oben und nach innen gebogenen Staubgefäßen. *Williamsonia* ist aus der Ober-Trias von Nordamerika (z.B. Arizona und Neu Mexiko) und dem Jura von Europa (z.B. Yorkshire, England) bekannt.

Sequoiadendron Zu den mannigfaltigen Arten dieses Nadelbaums gehört auch der gigantische Mammutbaum von Kalifornien, USA. Einige Individuen der Art *Sequoiadendron gigantea* erreichen 90 m Höhe. Die fossile Überlieferung der Mammutbäume begann im älteren Mesozoikum, und zahlreiche Arten sind mit ihren Stämmen und Zapfen bekannt. Oft sind die Zapfen klein und haben eine begrenzte Anzahl von Schuppen. *Metasequoia* ist ein sommergrüner Nadelbaum. *M. occidentalis* ist eine bekannte Art aus dem Oligozän der USA.

Ginkgo *Ginkgo* ist ein Vertreter der ältesten Gruppe der Blütenpflanzen. Er gehört zur Ordnung Ginkgoales. Der älteste Ginkgo ist aus permischen Sedimenten überliefert. Er hat ein breites, fächerförmiges Blatt, das charakteristisch zerlappt ist. Es ist parallel geadert und steht in Büscheln am Ende der kurzen Zweige. Lokale Häufigkeit gibt es in Sedimenten des Jura und der Kreide. *Ginkgo* war weltweit verbreitet. Die heute lebende Art *G. biloba* ist in Nordamerika und China heimisch. In botanischen Gärten ist er jedoch auch als Zierbaum anzutreffen.

Brachyphyllum Blatt
Araucaria Blattzapfen
Williamsonia Blatt
Ginkgo Blatt
Metasequoia Blatt
5 cm

Bedecktsamer

Die Bedecktsamer oder **Angiospermen** stellen die wichtigste Gruppe der Pflanzen. Sie erscheinen in der Kreide und verbreiten sich weltweit im Känozoikum. Man unterscheidet sie nach der Struktur ihrer Samen in **einkeimblättrige** und **zweikeimblättrige Pflanzen**. Die Samen letzterer bestehen aus zwei lose zusammengefügten Keimblättern, während die Samen der einkeimblättrigen Pflanzen aus einer einfachen Hülle bestehen, die die Nährstoffe zur Versorgung des Sprosses speichern. Auch Holz und Blätter beider Gruppen unterscheiden sich charakteristisch. Ein Netzwerk von Adern überzieht die Blätter der zweikeimblättrigen Pflanzen, und die Gefäßbündel sind in einfachen Ringen im äußeren Bereich des Stammes angeordnet. Die Blätter der einkeimblättrigen Pflanzen haben parallele Adern und die Gefäßbündel sind über die Breite des Stammes verteilt.

Laurus Dies ist der wissenschaftliche Name für Lorbeer. Das Blatt ist lang und der Umriß glatt und geschlossen. Von einem starken Zentralgefäß gehen Sekundäradern nach außen. Während der Kreide stellten die Lorbeeren eine wichtige Familie. Vorkommen: weltweit.

Acer Zu den lebenden Beispielen dieser Gattung gehören der Maulbeerbaum und der Ahorn. Das Blatt ist breit und dreifach gefingert. Alle drei Finger haben ein Zentralgefäß, von dem sich ein Netzwerk kleinerer Adern über die Blattoberfläche verzweigt. *Acer* erscheint im Paläozän und ist weltweit verbreitet. In eozänen und oligozänen Sedimenten ist er lokal häufig.

Nipa Diese Palme ist ein Beispiel für eine einkeimblättrige Angiosperme. Große birnenförmige Früchte sind charakteristisch. *Nipa* ist heute in Malaysia beheimatet. Ihre Verbreitung in eozänen Sedimenten Nordeuropas beweist, daß dort einst ein tropisches Klima vorherrschte. Im Stamm sind durchgängig Leitbündel anzutreffen. *Nipa* reicht bis ins Eozän zurück und ist nur aus Europa und Asien bekannt.

Oncoba Im Gegensatz zu *Nipa*, deren Frucht nur einen Samen enthält, sind die Früchte von *Oncoba* in verschiedene Samenfächer unterteilt. Die Frucht gleicht einer kleinen Melone mit warziger Haut. Innen besteht sie aus einer Masse von langen Fasern. Rezente Verwandte von *Oncoba* sind in tropischen und subtropischen Räumen zu finden. *O. variabilis* ist im London Clay von Sheppey in England vertreten.

Versteinertes Holz In Seesedimenten und küstennahen Ablagerungen des Mesozoikums und Tertiär sind Stämme, Wurzeln und Äste von Angiospermen lokal häufig. Oft sind diese Reste verkieselt und die imprägnierten Gewebe bis ins Detail erhalten. Fossile Wälder existieren in Europa, Nordamerika und Afrika; die Eiche *(Quercus)* und die Palme *(Palmoxylon)* sind die häufigsten Vertreter. Im Gegensatz zu *Palmoxylon* hat die Eiche Jahresringe.

Laurus
Blatt
Acer
Blatt
Nipa
Samen
Oncoba
Frucht
5 cm
Quercus
Holz
Palmoxylon
Holz

Spurenfossilien

Spurenfossilien entstehen durch biologische Aktivität auf oder im Sediment. Dazu gehören Spuren und Fährten, Grabbauten und Bohrgänge und sogar Exkremente. Fußstapfen von Dinosauriern bilden auffallende Fährten in alten Seeufersedimenten. Trilobitenspuren ziehen sich kreuz und quer über Sedimentgesteine paläozoischer Meeresböden. Form und Geometrie der Spurenfossilien variieren wie das Bedürfnis ihrer Erzeuger. Einzelne vertikale Bohrgänge zeigen hauptsächlich eine Schutzbedürftigkeit gegen Räuber oder ungünstige Ablagerungsbedingungen an, komplizierte horizontale Muster dagegen sind auf schlechtes Futterangebot bzw. intensive »Beweidung« des Ozeanbodens zurückzuführen.

Skolithos Dieser Name wird für einzelne, vertikale Röhren in Sanden und Sandsteinen aus Flachwasser- und extremen Flachwasserbereichen vergeben. Die Röhren haben eine Länge von 30 cm und sind 2-4 cm dick. Sie werden auf gegrabene Wohnbauten von anneliden Würmern zurückgeführt. Der Pipe-Rock von Schottland ist ein gutes Beispiel für ein Sediment mit *Skolithos*. Spuren dieser Art sind während des Kambriums weltweit bekannt.

Monocraterion Es handelt sich um einen einzelnen Grabgang. Der Durchmesser ist größer als bei Skolithos, und einzelne Ringe im Querschnitt zeigen ständiges wiederholtes Arbeiten des Erzeugers an diesem Bau. *Monocraterion* ist typisch für intertidale und subtidale Ablagerungsräume. Gute Beispiele findet man in jurassischen Kalkareniten der Küste von Dorset in Südengland.

Arenicolites *Arenicolites* ist ein schmaler U-förmiger Bau. Er ist vertikal zur Schichtfläche angeordnet und hat kleine runde bis leicht gefältelte Öffnungen. Im Gegensatz zu *Monocraterion* sind diese Bauten innen nicht nachgearbeitet, und Ringe, die auf eine Restrukturierung zurückzuführen wären, fehlen. *Arenicolites* wurde durch einen Flachwasserbewohner erzeugt. Er reicht vom Kambrium bis rezent und ist weltweit verbreitet.

Ophiomorpha Dieser ungewöhnliche Bau kommt sowohl in einfacher Ausführung als auch verzweigt vor. Die einzelnen Röhren sind mit einem Durchmesser von 3-6 cm verhältnismäßig groß. Die pockige Oberfläche kann bis zu knolligen Strukturen modifiziert sein. Solche Strukturen treten auch auf den Verbindungen zwischen den Zweigen auf. *Ophiomorpha* wird auf Aktivitäten von Crustaceen zurückgeführt. Sie ist im Mesozoikum und Känozoikum von den meisten Kontinenten bekannt.

Bohrgänge Bivalven, wie *Pholas* und *Teredo*, bohren in Fels oder Holz, um dauerhaften Schutz zu finden. Sie benützen dabei mechanische und chemische Effekte; die flachen Bohrgänge bieten eine geschützte Nische. Bohrgänge sind während des Mesozoikums und der Kreide bekannt.

5 cm
Skolithos
Arenicolites
Monocraterion
Teredo
Ophiomorpha
Pholas

Thalassinoides Diese Bauten sind ungefähr parallel zur Schichtfläche angelegt. Sie sind wiederholt verzweigt und zeigen an den Kreuzungsstellen leichte Schwellungen. Die zylindrischen Grabgänge schwanken von 2-3 cm im Durchmesser. Man findet Arthopodenlosung, Kratzspuren und Reste von Crustaceen in ihnen. *Thalassinoides* wird von dem Maulwurfkrebs *Callianassa* erzeugt. Diese Grabgänge sind seit dem Jura weltweit sehr häufig.

Rhizocorallium Wie *Thalassinoides* ist *Rhizocorallium* ein sehr häufiges Spurenfossil. Es tritt in Flachwassersedimenten auf und ist teilweise in triassischen und jurassischen Gesteinen nicht selten. *Rhizocorallium* ist ein U-förmiger Bau, dessen Hauptröhren parallel verlaufen. Diese Röhren haben einen Durchmesser von 2-4 cm. Die Fortbewegung des Baus durch das Sediment wird durch vorhandene Linien oder **Spreiten** zwischen den Hauptröhren angedeutet; sie geben die frühere Position der U-Krümmung an. *Rhizocorallium* tritt in horizontaler oder schräger Stellung auf. Es ist aus mesozoischen und känozoischen Schichten bekannt und ist weltweit verbreitet.

Koprolithen und Pellets Hier handelt es sich um fossile Exkremente und Abfallmaterialien von Tieren. Der Begriff Pellet oder Kotpille wird für kleine Losungen von Gastropoden oder Crustaceen verwendet, während Koprolith fossile Ausscheidungen von Krokodilen, Dinosauriern und größeren Tieren beschreibt. Koprolithen können bis zu 30 cm lang oder breit sein; Kotpillen werden selten 1 cm Länge überschreiten. Fossilisierte Exkremente sind während der ganzen Fossilgeschichte weltweit bekannt.

Cruziana Der Name *Cruziana* wird für die vielfältigen Spuren und Fährten verwendet, die von Trilobiten oder trilobitenähnlichen Arthropoden erzeugt wurden. Eine typische Spur besteht aus zwei Loben, die durch das Scharren des Tieres auf dem Weg über das Sediment hervorgerufen werden. In den oft langen Fährten bilden die beiden Loben parallel verlaufende, flache gerundete Wälle, zwischen denen eine Vertiefung verläuft. Die Kratzspuren auf den Loben entstehen durch den Fuß der Spaltbeine. Über 30 verschiedene Arten von *Cruziana* wurden entdeckt. Die langen Fährten sind Anzeichen für die Fortbewegung bei der Nahrungssuche oder der Wanderschaft. Herzförmige Spuren, auch zweilobig und mit Kratzrillen gekennzeichnet, zeigen die Ruhestellungen von freischwimmenden Tieren an. *Cruziana* ist in altpaläozoischen Sedimenten lokal häufig, besonders im Kambrium und Ordovizium.

Pleurodictyon Dieses komplexe Spurenfossil stammt aus Sedimenten des äußeren Schelfs oder des Kontinentalabhangs. Die Spur besteht aus einer Anzahl von schmalen Röhren, die geometrisch so angeordnet sind, daß ein vier- bis fünfeckiges Netz auf der horizontalen Schichtfläche entsteht. Von den Kreuzungspunkten erheben sich vertikale Röhrchen. Man nimmt an, daß sich das horizontale Röhrensystem im Sediment befand, während die vertikalen Röhren als Ausgänge oder zur Versorgung dienten.

5 cm
Thalassinoides
Koprolithen
Rhizocorallium
Pleurodictyon
Cruziana

Das Präkambrium

Die Entdeckung von Fossilien in präkambrischen Sedimenten ist ein seltenes Ereignis. Am häufigsten werden Algen-Stromatolithen gefunden. Die ältesten und bekanntesten sind 3 350 Millionen Jahre alt. Fossile Tiere erscheinen sehr viel später, und die erste echte Fauna fand man in 680 bis 600 Millionen Jahre alten Gesteinen. Diese Fauna wurde zum ersten Mal im Pound-Quarzit von Ediacara in Süd-Australien entdeckt. Sie enthält einige Quallen, Hydrozoen und Würmer. Zuerst nahm man an, diese Fauna sei räumlich und zeitlich begrenzt, aber inzwischen sind weitere Funde aus Sibirien, Europa, Kanada und Südwest-Afrika bekannt. Die Tafel gegenüber zeigt einige Gattungen dieser Faunengemeinschaft.

Möglicherweise ist die Ediacara-Fauna auch die erste echte Fossil**gemeinschaft**. Das Studium einer Gemeinschaft bedeutet für den Biologen die Erforschung der Beziehungen zwischen den zahlreichen Organismen dieser Gemeinschaft. Für den Paläontologen wird dieses Studium durch das Fehlen vieler Beweise erschwert. Paläontologen definieren deshalb eine Gemeinschaft als Gruppe von Organismen desselben **Lebensraumes**. Natürlich kann der Paläontologe die Struktur und Funktion einer Schale oder eines Skelettes untersuchen und sich die Erscheinungsform einer einzelnen Art vorstellen. Ebenso ist es möglich, die allgemeine Strukturierung einer Gemeinschaft zu rekonstruieren. Ein prägnantes Beispiel ist ein fossiles Riff; hierbei kann sich der Paläontologe auf wesentliche Informationen moderner Äquivalente stützen. Die **Palökologie** umfaßt die Wechselwirkungen zwischen Organismen und Umwelt. Die spezielle Beziehung zwischen einem einzelnen Fossil und seinem Lebensraum beschreibt die **Paläoautökologie**, die Beziehung zwischen Fossilgruppen einer Gemeinschaft die **Paläosynökologie**.

Die ernsthafte wissenschaftliche Analyse einer Faunengemeinschaft wird dadurch eingeschränkt, daß die fossile Überlieferung unvollständig ist, und daß mindestens 70% der ursprünglichen marinen Gemeinschaften keine Hartteile besaßen. Trotzdem wird, wenn auch unvollständig, eine Fossilgemeinschaft überliefert.

Die Entdeckung einer fossilreichen Schicht kann zur Beschreibung einer Fossilgemeinschaft führen. Deshalb ist es wichtig zu wissen, welche Fossilien zur selben Zeit im selben Raum vorkommen können. Wie schon erwähnt, sind präkambrische Faunengemeinschaften sehr rar, ab dem Kambrium ist jedoch die Überlieferung der neu auftretenden Gemeinschaften wesentlich besser. Einzelheiten solcher Vergesellschaftungen und ihrer Ökologie sind von W.S. McKerrow anschaulich in seinem Buch Palökologie (s. Literatur Seite 182) beschrieben worden.

Auf den folgenden Seiten werden Fossilien aus Gesteinen verschiedener Perioden der geologischen Zeiträume beschrieben und abgebildet. Sie stammen nicht unbedingt aus derselben Faunengemeinschaft, viele sind jedoch wichtige Vertreter einer bestimmten Vergesellschaftung. Die Entdeckung von ein oder zwei Organismen kann auf andere hindeuten, die unter den gleichen Bedingungen lebten und möglicherweise auch zu finden sind. Der Fossilbeschreibung des jeweiligen Systems sind wichtige Einzelheiten der Vergesellschaftung angefügt. Noch einmal soll darauf hingewiesen werden, daß die vollständige Beschreibung einer Fossilvergesellschaftung auch Details über die Beziehungen zum Sediment und Aufzeichnungen der biologischen Aktivität enthalten soll.

Stromatolith
(2x)

Medusina
(2,1x)

Cyclomedusa
(2,1x)

Dickinsonia

Spriggina

Das Kambrium

Bei der Beschreibung von Fossilien aus dem Kambrium sollte man berücksichtigen, daß sich die Welt vor 580 Millionen Jahren stark von der heutigen unterschied. Ein großes Meer namens Iapetus trennte Schottland und Nord-Irland von England, Wales und dem restlichen Nordeuropa. Es überflutete nahezu das gesamte Gebiet des späteren Europa. Auch Nordamerika war geteilt. Gesteine aus Schottland sind denen aus Spitzbergen, Grönland und Ostkanada ähnlicher als z. B. den Gesteinen des südlicheren Europa. Andererseits stehen Sedimente des östlichen Neufundland und Neuschottland mit Ablagerungen gleichen Alters in England und Wales in Beziehung.

In kambrischen Faunen domininieren Trilobiten und inartikulate Brachiopoden, hinzu kommen die konischen Hyolithen (gastropodenähnliche Tiere) in gewissen Schelf-Sedimenten. Die Trilobiten stellen brauchbare stratigraphische Indikatoren: *Olenellus* repräsentiert das Unter-Kambrium, *Paradoxides* das Mittel-Kambrium und *Olenus* das Ober-Kambrium. Recht bemerkenswert ist die Vielfalt der Trilobiten aus kambrischen Sedimenten, wenn man bedenkt, daß Tiere mit mineralisierten Skeletten aus dem Präkambrium noch nicht bekannt sind. Die kleinsten Trilobiten sind die Agnostiden und die Eodisciden. Letztere sind auf das Unter- und Mittel-Kambrium beschränkt, während agnostide Gattungen aus dem Ober-Kambrium überliefert sind. Beide Gruppen haben nur zwei oder drei Körpersegmente, Kopf und Schwanz sind gleich groß. Die Eodisciden haben kleine Augen, die Agnostiden waren blind. Gängige Formen aus dem Unter-Kambrium waren größere Trilobiten mit kleinem Schwanz oder langem Schwanzstachel. Sie stellen neben *Olenellus, Redlichia* und *Paedeumias* wichtige Gattungen. Wahrscheinlich waren sie für viele Spuren aus Flachwasserbereichen verantwortlich. Das Spurenfossil *Cruziana* tritt in vielen Gebieten im Zusammenhang mit dem inartikulaten Brachiopoden *Lingulella* auf. Zusammen repräsentieren sie eine Flachwassergemeinschaft, die oft durch Rippelmarken und andere Sedimentstrukturen ergänzt werden. Auch *Paradoxides* war eine Flachwasserform und wird oft zusammen mit *Lingulella, Hyolithes* und den ältesten orthiden Brachiopoden in mittelkambrischen Gesteinen gefunden. Am Ende des Kambriums erscheinen Gastropoden und Graptolithen. Sie stellen wichtige Vertreter des mittleren und äußeren Schelfbereichs. Die Trilobiten des Ober-Kambriums hatten im allgemeinen keine Stacheln. Sie hatten gerundete Kopf- und Schwanzschilde und viele gehörten Familien mit proparer oder opisthoparer Fazialsutur an. *Olenus* ist ein typisches Beispiel für opisthopare Sutur.

Die Graptolithen waren mit **dendroiden** Gattungen, wie *Dictyonema,* vertreten. Die wenigsten lebten planktonisch und werden gewöhnlich in Schwarzschiefern und Tonsteinen gefunden. Oft sind sie pyritisiert. *Dictyonema* hat ein glockenförmiges Skelett: Viele Zweige trugen tausende winziger Tiere in becherförmigen Theken. Bellerophontine Gastropoden weideten den Meeresgrund ab. Sie hatten, ähnlich wie die heute lebenden Schnecken, einen deutlich abgegrenzten Kopf und Fuß.

5 cm
Olenellus
Paradoxides
Olenus
Lingulella
Dictyonema
Hyolithes (3x)
Cruziana

Das Ordovizium

Die paläogeographischen Verhältnisse waren ähnlich wie im Kambrium, und das Iapetus-Meer bestand bis ins Ordovizium. Neue Tiergruppen waren erschienen, und die Trilobiten wurden in verschiedene **Faunenprovinzen** unterteilt. Man unterscheidet vier Gebiete: Nordamerika, Nordeuropa, Südeuropa und Australien. Zu den zahlreichen Trilobiten aus ordovizischen Sedimenten gehören: *Ogygiocaris, Ampyx, Onnia* und *Bumastus* .

Bei den neuen Gruppen erschienen zahlreiche Brachiopodenfamilien und entwickelten sich während des Ordoviziums. Die Orthiden und Strophomeniden, wie *Sowerbyella* und *Leptaena,* waren wichtige Vertreter der **Schalenfauna** des Flachwassers. Auch eine Anzahl Bivalven war erschienen; sie wurden jedoch von den Brachiopoden während des Paläozoikums immer in den Schatten gestellt. Gastropoden, Crinoideen und Bryozoen waren unter den Vergesellschaftungen am Meeresboden stark vertreten.

Die Mehrzahl der Trilobiten waren Kriechtiere. Die **Trinucleiden**, zu denen *Onnia* und verwandte Gattungen gewöhnlich gestellt werden, hatten große halbkreisförmige Kopfschilde mit langen Wangenstacheln. Dazu kommt ein kleiner Schwanz und eine begrenzte Anzahl von Körpersegmenten. Die Stachel und der große Kopfschild hielten die Tiere über der Oberfläche des weichen Sediments. Viele Trinucleiden waren blind, andere hatten kleine Augen. Im Gegensatz dazu war *Ogygiocaris* wesentlich größer; Kopf und Schwanz sind ungefähr gleich groß. Die Augen sind sichelförmig und der Körper im Ganzen glatter geformt. Möglicherweise war *Ogygiocaris* ein aktiveres Kriechtier als die Trinucleiden. Spuren und Fährten von Trilobiten sind in ordovizischen Ablagerungsräumen weltweit verbreitet. Trilobiten sind gängige Vertreter der meisten ordovizischen Faunengemeinschaften.

In Schottland und Nordamerika wurden im Unteren Ordovizium Kalksteine und tonige Kalksteine abgelagert. Kalke werden gewöhnlich mit dem warmen Schelfmeer in Verbindung gebracht. Zur sogenannten Karbonatfauna des Ordoviziums gehören Algen-Stromatolithen, Brachiopoden, Nautiloideen und Trilobiten. Es gibt Anhaltspunkte für sehr kleine Wassertiefe zwischen Niedrigwasserstand und 50 m.

In sandigen Sedimenten sind Brachiopoden und Krinoiden häufiger. Strophomeniden wie *Sowerbyella* und Orthiden wie *Dalmanella* kommen zusammen mit hoch-spiraligen Gastropoden und Krinoiden wie *Balacrinus* vor. In diesen Flachwassersedimenten sind die Schalen nach dem Tod oft durch Wasserbewegung oder Strömung zerbrochen. Dort sind die Schichtflächen mit Schalengrus angereichert. Vollständige Stücke, die nicht abgeschliffen sind, zeigen einen begrenzten Transport an und sind möglicherweise in Lebensstellung eingebettet.

Ordovizische Tiefwasserbereiche mit Schwarzschiefern und Tonsteinen enthalten oft massenhaft Graptolithen. Die Sedimentation war vermutlich gering und die Aktivität der Bakterien begrenzt. Nach ihrem Tod sanken die planktonischen Graptolithen auf den Meeresboden und wurden vollständig erhalten. Sie änderten während des Ordoviziums ihre Größe und Gestalt. Zu den häufigeren Graptolithen des Ordoviziums gehören *Phyllograptus, Didymograptus* und *Orthograptus.*

Ogygiocaris
Ampyx
Onnia
Bumastus
Sowerbyella
Leptaena
Balacrinus
5 cm
Phyllograptus
Didymograptus
Orthograptus

Das Silur

Obwohl das Iapetus-Meer während des Silur schmäler wird, bleiben die verschiedenen tiergeographischen Provinzen aus dem Ordovizium und Kambrium erhalten. Wie zuvor, ähneln die Faunen Zentralschottlands und Nordirlands mehr denen von Spitzbergen und Ostkanada als den Faunen Englands, Wales und Neuschottlands. Die wenigen Vorkommen von silurischen Gesteinen in Deutschland sind Graptolithen-Schiefer und Orthoceren-Kalke im Kellerwald, Frankenwald und Thüringen, neben metamorphen Gesteinen im Harz. Verschiedenen sedimentären Ablagerungsräumen innerhalb dieser Bereiche wurden jeweils entsprechend typische Faunengemeinschaften zugeordnet. Beispielsweise sind Kalksteine während des Silur eher in England und Wales anzutreffen, und die Kalke des Wenlockium im Grenzbereich von Wales sind für ihren Fossilreichtum bekannt. Die Schichtflächen sind hier übersät mit Brachiopodenschalen, Bryozoen, Krinoiden, Trochiten, tabulaten Korallen, Nautiloideen, Bivalven und Trilobiten und zeigen das Vorhandensein eines früheren Riffes oder eines Riffschutthanges an. Eine exakte Zuordnung zu einem Ablagerungsraum setzt die Übereinstimmung von Zerstörungsgrad und Transportweite voraus. Von den Brachiopoden sind *Leptaena* und *Atrypa,* ein kleiner Spiriferide, die häufigsten. Zu den Korallen gehören *Favosites, Halysites* und *Heliolites.* Zusammen mit den Bryozoen stellen sie die Hauptriffbildner. In der Nachbarschaft gediehen die Krinoiden. Solitäre rugose Korallen, Seeanemonen und andere Organismen besetzten die Nischen oder lebten in Spalten des Riffkörpers, während aktive Nahrungssucher, wie Fische, Trilobiten und Nautiloideen das Riff beweideten und vom organischen Detritus lebten. Die frei schwimmenden und schwach befestigten Organismen wurden nach ihrem Tod den Riffhang hinabgespült. In Lebensstellung eingebettete Korallen sind direkte Anzeichen für das Riff selbst.

In silurischen Flachwassergemeinschaften dominierten die Brachiopoden. Spiriferiden, Strophomeniden und Rhynchonelliden konnten in kalkigen und sandigen Sedimenten gedeihen. Zu den Brachiopoden des Flachwassers oder des tieferen Flachwassers gehörten *Lingula, Pentamerus* und *Sphaerirhynchia.* Trilobiten, wie *Dalmanites,* waren im Riff und, zusammen mit orthiden Brachiopoden und planktonischen Graptolithen, im äußeren Schelf anzutreffen.

Die silurischen Graptolithen sind in Sedimenten des tieferen Wassers zu finden. Sie kommen wohl auch neben anderen Invertebraten vor, häufig sind sie jedoch auf den Schichtflächen der feinlagigen schwarzen Schiefer. Es handelt sich meist um einästige Formen. Beispiele sind *Diplograptus* und *Rastrites.*

Am Ende des Silur zieht sich das Iapetus-Meer zurück. Der größte Teil Europas, Grönlands und ein großer Teil des östlichen Nordamerikas bilden eine riesige Landmasse. Terrestrische Ablagerungen des Oberen Silur enthalten Zeugnisse der Evolution von ersten Landpflanzen und Landtieren.

5 cm
Favosites
Heliolites
Atrypa
Sphaerirhynchia
Pentamerus
Rastrites
Diplograptus

Das Devon

Obwohl große Teile der Britischen Inseln, Nordeuropas und der nordöstliche Teil von Nordamerika während des Devon landfest waren, so enthalten doch See-, Fluß- und Deltasedimente Zeugnisse neuer interessanter Faunen und Floren. Marine Ablagerungsräume gibt es in Südwestengland, quer durch Europa, Nordafrika und in weiten Teilen der USA.

Süßwasserablagerungen des Unter-Devon (Old Red-Sandsteine) enthalten oft Fischreste. Klassische Lokalitäten gibt es in Schottland, Wales, Gloucestershire in England und in Kanada. Die Fische variieren in Form und Größe; viele der Arten aus dem Unter-Devon gehören aber zu den kieferlosen Agnathen. *Cephalaspis* und *Pteraspis* sind typische Vertreter dieser Gruppe. Sie haben einen schwer gepanzerten Kopfschild mit einer Saugöffnung als Mund an der Unterseite. Hinzu kommt ein dick beschuppter Körper mit relativ schwach entwickelten Flossen und Schwanzflossen. Diese Fische werden oft zusammen mit den älteren, gelenkig gegliederten Eurypteriden gefunden. Eurypteriden leben gewöhnlich im Süßwasser. Ihre Größe wechselt, aber einige Arten sind länger als 1 m. Devonische Sumpfgemeinschaften enthalten primitive Gefäßpflanzen, frühe Milben und spinnenähnliche Arthropoden. In jüngeren devonischen Sedimenten werden die Agnathen langsam von den Knochenfischen, unter anderem dem Lungenfisch, verdrängt.

Riff- und andere marine Flachwassergemeinschaften des Devon stellen eine Menge Invertebratenarten. Kalksteine bei Ferques in Nordfrankreich, ebenso in der südwestenglischen Typlokalität Devon bei Torquay, enthalten Stromatoporiden, Korallen und Bryozoen. Zu den Korallen gehören die koloniebildende tabulate *Thamnopora* und die koloniebildende rugose Gattung *Hexagonaria*. Diese können in großen Massen auftreten. Zu den Begleitfossilien gehören orthocone Nautiloideen und die Brachiopoden *Meristina* und *Athyris*. In tonigeren Kalken kommt der Trilobit *Phacops* vor. Er hat einen gerundeten Kopfschild und große gegliederte Augen, viele Körpersegmente und einen kleinen gerundeten Schwanz.

Die häufigsten Fossilien des Devon sind spiriferide Brachiopoden und Goniatiten. Man findet sie meist in tieferen Schelf- oder Beckensedimenten. Beide Gruppen entwickelten sich während des Devon sehr rasch. Sie sind weit verbreitet und gelten als **Zonen-** oder **Leitfossilien.** Zu den Spiriferiden gehört *Cyrtospirifer.* Ein typischer Goniatit ist *Clymenia.*

Spurenfossilien sind aus Süßwasser- und aus marinen Sedimenten des Devon bekannt. Grabgänge aus einfachen oder doppelten vertikalen Röhren, von kleinen Arthropoden wie Krabben und Sandkrebsen verursacht, finden sich gewöhnlich in Sandsteinen von marinen Flachwassersedimenten und Süßwasserablagerungen. In marinen Sedimenten des tieferen Wassers können ausgedehnte Flächen von Trilobiten, Gastropoden und Würmern »durchwühlt« werden. Sedimentstrukturen solcher Art nennt man **Bioturbation.**

Cephalaspis
Kopfpanzer

Thamnopora

Hexagonaria

5 cm

Meristina

Athyris
(1,5x)

Phacops

Cyrtospirifer

Clymenia

Das Unter-Karbon (Dinantium, Mississippian)

Die Karbongesteine Westeuropas lassen sich in zwei große Untersysteme gliedern. Das Unter-Karbon oder Dinantium wird durch Kalksteine des Schelfbereichs charakterisiert. Im Ober-Karbon oder Silesium dominieren klastische Gesteine wie Sandsteine, Schiefertone, Tonsteine und Kohlenlagerstätten. So wird das Ober-Karbon in Europa auch als Zeitalter der Kohle bezeichnet, denn die gewaltigen Kohlelagerstätten einiger Länder wurden in dieser Zeit abgelagert. Die Sedimente von Dinantium und Silesium zeigen sehr verschiedene Ablagerungsbedingungen an. Die Kalksteine des Schelfgebietes wurden in warmem, klarem Meerwasser, reich an Calciumkarbonat, abgelagert. Die Sandsteine und Kohleflöze sind jedoch in Flüssen, Deltas und Sumpfgebieten entstanden. Die Überlagerung von Kalken durch klastische Sedimente zeigt einen Rückzug des Meeres an.
In Nordamerika wird das Unter-Karbon als Mississippian bezeichnet. Die Gesteinstypen dieses Untersystems haben eine größere Bandbreite als die europäischen. Sandsteine und Kalke wurden in verschiedenen Gebieten fast zur gleichen Zeit abgelagert. Im Ober-Karbon oder Pennsylvanian variieren die Ablagerungsräume ebenfalls. So werden z. B. in Kansas Kohlelager des Mittleren Pennsylvanian von oberpennsylvanischen Kalken des Schelfgebietes mit Fusulinen und Molluscen überlagert.
In vielen Teilen der Erde sind karbonische Kalke durch ihre Riffgemeinschaften bekannt. Korallen, wie z. B. die koloniebildende rugose Gattung *Lithostrotion* und *Lonsdaelia,* und die tabulate *Syringopora* gibt es häufig. Zum umfassenden Netzwerk einiger Riffe leisten Algen-Stromatolithen und Bryozoen ihren Beitrag. Brachiopoden wie *Productus* und die Muschel *Parallelodon* sind zahlreich vertreten. In seewärtigen Ablagerungen der Riffe kommen Krinoiden mit *Amphoracrinus* und Blastoideen mit *Pentremites* vor. Spiriferiden, Productiden, Bivalven, kleine Solitärkorallen wie *Zaphrentis* und feinverzierte Bryozoen wie *Fenstella* schließen sich an. In einigen Aufschlüssen sind die Schichtflächen mit Bewohnern des Riffhanges und Detritus aus dem Riff übersät. Anhäufungen von Trochiten in Krinoiden-Kalken weisen durch die Zerstörung der Skelette auf einen Transport hin. Die frei schwimmenden Tiere des Karbon-Meeres werden durch Goniatiten, Nautiloideen und Fische, mit den frühen Haien, vertreten. Auch kleine Trilobiten, wie z. B. *Phillipsia,* kommen ebenfalls in den Flachwasserkalken vor. Die unterkarbonischen Kalke unterscheiden sich in Farbe und Gefüge. Viele sind grau oder graubraun, andere sind dunkler, blaugrau oder dunkelblau. Letztere stammen je nach Korngröße von tonreichen oder höher energetischen Ablagerungsräumen. In einigen dunkleren, gröberkörnigen Kalken kann man riesige Brachiopoden wie *Gigantoproductus* finden. Diese grob berippte Form lebte teilweise im Sediment eingegraben. Heute wird diese ökologische Nische von den Riesenmuscheln besetzt.

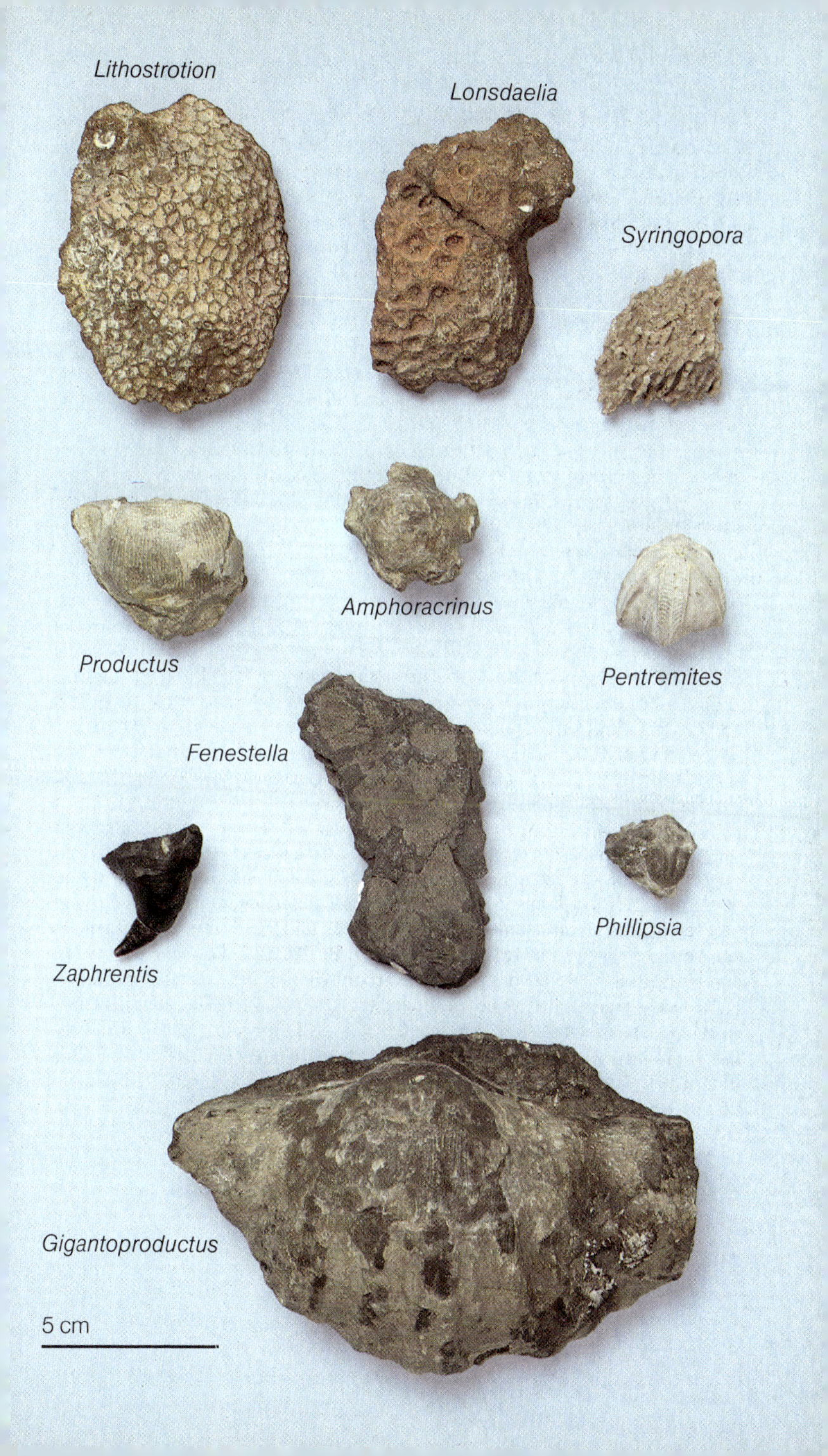
Lithostrotion
Lonsdaelia
Syringopora
Amphoracrinus
Productus
Pentremites
Fenestella
Phillipsia
Zaphrentis
Gigantoproductus
5 cm

Das Ober-Karbon (Silesium, Pennsylvanian)

Aus dem Ober-Karbon sind Gemeinschaften aus Meer- und Süßwasser überliefert. Während in Europa Tonsteine mit Goniatiten und großen dünnschaligen Bivalven in tiefen Becken abgelagert wurden, zeigen z. B. in Kansas Algenkalke flachmarine Bedingungen an. Repräsentativ sind der Goniatit *Reticuloceras* und die dünnschalige pteromorphe Muschel *Posidonia.* In den Tonsteinen kommen auch Brachiopoden vor.

Im späteren Ober-Karbon wiederholen sich Sedimentationszyklen zwischen limnischen, marinen Sedimenten und Kohlevorkommen. Die Zyklen beginnen gewöhnlich wie auch in Zentral-Kansas oder in Südwales mit einem limnischen Sandstein. Darüber folgen ein Schieferton, ein limnischer Kalkstein, eine Tonschicht und ein Kohleflöz. Über dem Kohleflöz schließen sich marine Schiefertone und möglicherweise Kalksteine an. *Carbonicola* ist ein Beispiel für eine Muschel aus den limnischen Schichten. Goniatiten wie *Gastrioceras* und *Reticuloceras* charakterisieren die marinen Sedimente. Auch Fusulinen gehörten in vielen Bereichen, u. a. in Kansas, zur marinen Fauna. Die Sedimentationszyklen der Steinkohleserien sind Anzeichen für ein Delta-Sumpfgebiet. In den Sümpfen konnten Amphibien, Fische und Insekten als Glieder einer komplizierten Nahrungskette gedeihen. Am Ufer der Flußläufe und Sümpfe wuchsen Farne, Lycopsiden und Calamiten (Verwandte der lebenden Schachtelhalme). Weltweit existierten Wälder, und ihre abgestorbenen Baumstämme waren der Ursprung für die Kohle, die wir heute verbrennen. Als dichte Bodenbedeckung wuchsen Farne wie *Neuropteris* und *Alethopteris,* Calamiten und die gigantischen Lycopsiden bildeten die Überdachung. *Calamites* hatte einen gegliederten Stamm, ähnlich dem heute lebenden *Equisetum.* Jedoch war er robust und hatte eine deutliche vertikale Musterung. Einzelne Pflanzen wurden 10 m hoch Ihre Reste finden sich in bestimmten Sandsteinhorizonten. Der lycopside *Lepidendron* erreichte 25 bis 30 m. Er hat charakteristische rhombenförmige Blattnarben. Große Fundstücke liegen in Sandsteinen und Kohleflözen. Fossile Wälder des Ober-Karbon wurden bei Glasgow in Schottland und bei Monceau les Mines in Ostfrankreich ausgegraben. In Monceau konnten durch mühevolle Präparation viele Insekten, Amphibien und andere Fossilien erhalten werden. Auch für die deutschen Steinkohlegebiete an der Ruhr, bei Ibbenbüren, bei Aachen und an der Saar lieferten die fossilen Wälder des Ober-Karbon das Ausgangsmaterial.

In Europa und überall in der Welt wird das Ober-Karbon durch einen Rückzug des Meeres begleitet. Die Kontinente stießen zusammen und bildeten eine große Landmasse, aride terrestrische Ablagerungsräume verdrängten die Sümpfe und Wälder. Auf der Südhalbkugel wurden weite Gebiete von Australien, Indien, Südamerika, Südafrika und der Antarktis von großen Eiskappen bedeckt. Kontinentale rotgefärbte Schichten und glaziale kiesige Tone sind typisch für die Welt des Perm. Entdeckt man Fossilien in permo-triassischen Ablagerungen, so ist dies ein seltenes Ereignis, die Gründe dafür sollen im folgenden erläutert werden.

Posidonia
Gastrioceras
Reticuloceras
Neuropteris
Carbonicola
Alethopteris
5 cm
Calamites
Lepidodendron

Die Permo-Trias

Die eher bescheidenen Faunengemeinschaften der beiden Systeme an der Grenze zwischen Paläozoikum und Mesozoikum sollen in diesem Buch mit Absicht unter einem Kapitel zusammengefaßt werden. Gründe für die begrenzten Lebensverhältnisse in der Permo-Trias sind in der Paläogeographie (Verteilung von Land und Meer) zu suchen. Während des Perm und weitgehend auch in der Trias waren weite Gebiete, in denen wir heute nach Fossilien suchen, über den Meeresspiegel herausgehoben. Im größten Teil Europas, Nord- und Südamerikas und den anderen Südkontinenten herrschten terrestrische Verhältnisse mit strengen ariden Wüstenbedingungen vor. Rote Sandsteine und Tonsteine bestimmen das Bild der Stratigraphie. Oft sind Kreuzschichtung und große Dünen in Sandsteinen zu beobachten.

Während des Perm gibt es eingeschränkte marine Faunen und isolierte Riffe in Nordostengland und Deutschland. Sie lebten in dem warmen, salzreichen Zechsteinmeer, das sich über Deutschland, Polen und das Nordseebecken ausbreitete. In lokal aufgeschlossenen Kalken des Sunderland-Gebietes in Nordostengland wurden Riffgemeinschaften gefunden. Der Riffschutt enthält die feinverzierte Bryozoe *Fenestella*, den strophomeniden Brachiopoden *Horridonia* und die Muschel *Parallelodon*. Muscheln und Brachiopoden bewohnten die Oberfläche des Riffes, Bryozoen waren die Hauptgerüstbildner. Lagunäre Sedimente des Back Reef enthalten Nautiloideen, Gastropoden und Bivalven. In den salzreichen Gewässern der Küstenbecken waren die Bivalven häufig. Der Römerstein bei Tettenborn und die Westersteine bei Bartolfelde im Westharz sind Beispiele solcher Zechsteinriffe.

In den westlichen Staaten von Nordamerika dominierten die marinen Bedingungen während des Perm. Riffe sind in Neu-Mexiko und in den Bergen von Guadalupe bekannt. Für diese Region sind während des Perm auch Fusulinen-Kalke charakteristisch. In den permischen Kalken der Pazifikinsel Timor kommen Krinoiden häufig vor.

Die verarmte fossile Überlieferung aus der Trias wird auf die terrestrischen Bedingungen und das weit verbreitete Erlöschen der Arten zum Ende des Perm zurückgeführt. Bekannt sind Lagunensedimente mit einer begrenzten invertebraten Fauna von bohrenden Muscheln *(Pholadomya)* und Brachiopoden *(Lingula)*. Dazu kommen Fisch- und Reptilienknochen. Eine wichtige Ausnahme war das Binnenmeer des Muschelkalks im Germanischen Becken mit seiner reichen Ammonitenfauna. Im Gezeitenbereich treten Algenmatten auf. Geschliffene Proben von Algen aus der Landschaft Cothom bei Marble of Somerset in England werden von Sammlern begeistert erwähnt. Der Kalk wurde von Blaualgen gebildet und zeigt ähnliche Strukturen wie die Stromatolithen aus dem Präkambrium. In triassischen Tonsteinen finden sich oft Fährten, Spuren und Grabgänge. In triassischen Kalken der Österreichischen Alpen bei Hallstadt wurden schöne Exemplare der Ceratiten *Joannites* und *Trachyceras* gefunden. Zum Ende der Trias begannen sich die Kontinente zu teilen, und das Meer kehrte in viele Gebiete zurück. Es entwickelten sich viele neue Pflanzen und Tiere. So wurden die zum Ende des Perm freigewordenen Nischen wieder besetzt.

Fenestella
Horridonia
Parallelodon
Pholadomya
Lingula
Joannites
Trachyceras
5 cm

Der Jura

Anders als während der Trias sind im Jura marine Sedimente in Europa weit verbreitet; ebenso im Westen und zentralen Bereich von Nordamerika. Auf den Britischen Inseln lassen sich Aufschlüsse mit marinen Sedimenten und Küstenablagerungen studieren. Hier kann man viele Pflanzen- und Tierarten sammeln, die zuvor in der fossilen Welt unbekannt waren. In Deutschland besteht der Unter-Jura aus dunklen Tonen und grauen Mergeln mit wenig sandigen und kalkigen Komplexen. Sie wurden in einem flachen Randmeer abgelagert.
Diese Ablagerungen sind in einer Wassertiefe von 150 bis 300 m entstanden. Die Faunengemeinschaften des Lias variierten in Abhängigkeit der Sedimente. Reichhaltiger waren sie in den siltigeren Abschnitten.
Solche Sedimente treten am Rand des Norddeutschen Tieflandes und dem Vorland der Schwäbischen und Fränkischen Alb zutage. Auf vielen Schichtflächen läßt sich eine reiche Fauna mit Ammoniten, Bivalven und Krinoiden beobachten. Zu den liassischen Ammoniten gehören *Dactylioceras* und *Psiloceras.* Unter den Muscheln sind *Pinna, Gryphaea* und *Pecten.* Auch Spurenfossilien sind häufig im Jura. Am besten bekannt sind *Thalassinoides* und *Rhizocorallium,* die beide durch garnelenartige Crustazeen entstanden sind. In Sedimenten des Mittel- und Ober-Jura sind Brachiopoden häufig. In grobsandigen Sedimenten finden sich oft Rhynchonelliden wie *Goniorhynchia.* Aufschlüsse von jurassischen Sandsteinen und Kalken an der Küste in Nordfrankreich, nahe der Stadt St. Aubin, enthalten Tausende von Rhynchonelliden und Terebratuliden. Die Fossilien liegen lose am Strand, sind in Spalten gerutscht oder halb im Sand vergraben.
Der Mittel-Jura zeichnet sich in vielen Gebieten durch tonige Ablagerungen aus. In den Lagunensedimenten konnten Austern und Korallen, wie z.B. *Isastrea* und *Thamnasteria* gedeihen. Oolithische Kalke zählen ebenfalls zu den gängigen Erscheinungen des Mittel-Jura. Sie wurden in warmen Flachmeeren abgelagert, wie wir sie heute um die Karibischen Inseln vorfinden. Auch Kreuzschichtung läßt sich in diesen Gesteinen oft beobachten. Die Fauna ist auf Gastropoden, Bivalven und Echinoideen beschränkt. In sandigen Kalken kommen Brachiopoden und Crustaceen hinzu. Ein bekannter Seeigel aus dem Mittel-Jura ist *Nucleolites.*

Auch der Ober-Jura wird durch Tone, Sandsteine, sandige Kalke und Riffkalke charakterisiert. Zusammen mit Austern und gut erhaltenen Spurenfossilien findet man in sandigen Kalken die Muschel *Trigonia.* Zum Ende des Jura zieht sich das Meer aus verschiedenen Bereichen Europas und Nordamerikas zurück. Während dieser Zeit dominieren Lagunen und Süßwassersümpfe mit Pflanzen und Vertebraten als Hauptvertreter dieser Ablagerungsbereiche. Dinosaurier, Krokodile und Pterosaurier lebten in Europa und Nordamerika. Aus den Solnhofener Plattenkalken von Süddeutschland ist der Urvogel *Archaeopteryx* überliefert. Zur Flora des Ober-Jura gehörten Schachtelhalme, Cycadeen und Farne. Ihre kohligen Reste findet man in sandigen Sedimenten an der Küste von Yorkshire in England. Terrestrische Faunen und Floren sind auch aus Colorado, Wyoming, Montana und anderen westlichen Staaten von Nordamerika bekannt.

Psiloceras
Dactylioceras
Pinna
Rhizocorallium
(0,1x)
Gryphaea
Pecten
Isastrea
Goniorhynchia
Thamnasteria
Nucleolites
Trigonia
5 cm

Die Kreidezeit

Zu Beginn der Kreide wird in Nordeuropa die Entwicklung von Seen und Küstensümpfen aus dem Ober-Jura fortgesetzt. Die Wealden-Fazies von Südengland (Insel Wight und Dorset Downs) und Belgien enthält Pflanzen und Vertebraten mit dem Dinosaurier *Iguanodon,* der auch aus Nordamerika bekannt ist. Die Wealden-Fazies wird von marinen Sanden mit Flachwasserfaunen überlagert. Dazu gehören Korallen, Brachiopoden, Bivalven, Gastropoden und Ammoniten. Lokal treten eine Menge Krebse, Hummer und Steingarnelen auf, so z.B. im Unteren Grünsand auf der Insel Wight in England. Dazu gehört auch die Gattung *Hoploparia,* die für ausgedehnte Grabgänge im Sediment verantwortlich gemacht wird. Auch Tone und siltige Tone wurden in der Unter-Kreide abgelagert. Die Tone des Gault von Nordeuropa sind durch ihre graugrüne Farbe und ihre reiche Ammoniten- und Bivalvenfauna bekannt geworden. Von den Ammoniten sind *Hoplites* und *Anahoplites* die häufigsten. Ihre Erhaltung ist oft außergewöhnlich und wird durch Pyritisierung noch hervorgehoben. Bei den Muscheln gibt es Oberflächenbewohner mit *Spondylus* und *Inoceramus,* und grabende mit *Nucula* und *Trigonia (Linotrigonia).* In vielen Tonen des Jura und der Kreide kommen auch Belemniten-Rostren vor. Sie werden von der Gattung *Neohibolites* vertreten.

Während der Unter-Kreide wechseln die Sedimente zwischen Sanden und Tonen. Sie zeigen einen Wechsel der Ablagerungsbedingungen mit verschiedenen Organismengruppen an. Während der Ober-Kreide geht die Entwicklung zu Tiefwasserbedingungen, und feinkörnige Kalke werden über große Gebiete Europas und Nordamerikas abgelagert. Beispiele aus Europa sind die Schreibkreide und die Kreidemergel aus Südostengland und Nordfrankreich. In Nordamerika zeigt die Kreide von Niobara in Kansas ähnliche Ablagerungsbedingungen an. Ammoniten, Bivalven und Brachiopoden sind sicher die häufigsten Vertreter dieser kreidigen Sedimente. Bei den Brachiopoden sind es Terebratuliden und Rhynchonelliden. Sie lebten auf der Oberfläche des Sediments, während grabende oder bohrende Muscheln durch *Lithophaga* und *Cucullaea* vertreten werden. Die Ammonitenfauna des Kreidemeeres zeigt sehr unterschiedliche Formen. Aufgerollte, gestreckte und offen spiralige Formen besetzten die verschiedenen Nischen. *Schloenbachia, Hamites* und *Turrilites* sind in bestimmten Horizonten häufig zu finden. Unter den Schwämmen ist der becherförmige, bewurzelte Hexactinelide *Ventriculites.* Echinoideen wie *Micraster* und die frei schwimmende Krinoide *Marsupites* stellen wichtige Zonenfossilien der Ober-Kreide. Reich an Vertebratenresten sind die Schreibkreide und die Kreidemergel von Kansas in Nordamerika. Schildkröten und Mosasaurier sind die häufigsten Funde. In Texas und anderen südlichen Staaten sind Rudisten-Riffe aufgeschlossen. Sie können mit Ablagerungen aus Spanien, Frankreich und Nordafrika verglichen werden und zeichnen damit die Strandlinie des früheren äquatorialen Tethys-Meeres nach.

Hoploparia
Hoplites
Spondylus
Nucula
Inoceramus
Neohibolites
Lithophaga
Micraster
Marsupites
Ventriculites
Turrilites
5 cm

Das Känozoikum

Das fortwährende Auseinanderdriften der Kontinente während des Mesozoikums brachte viele geographische Veränderungen mit sich. Auch die Gebirgsbildung des Himalaya und der Alpen wurde dadurch verursacht. Das Kreidemeer zog sich zurück, Sande und Tone überlagerten die feinkörnigen Kalksteine der Ober-Kreide in Nordeuropa und entlang der Ostküste von Nordamerika. Erhalten blieb die Kalksedimentation der Tethys in Südeuropa und den südlichen Staaten der USA. Die für die Kreide charakteristischen Rudisten verschwanden jedoch, ebenso viele mesozoische Pflanzen- und Tierarten, denn das Ende der Kreide ist durch ein weltweites Erlöschen vieler Arten gekennzeichnet. Ammoniten, Dinosaurier und viele andere Gruppen sind zu dieser Zeit ausgestorben, und das Känozoikum wird auch oft als Zeitalter der Säugetiere bezeichnet. In den Faunengemeinschaften des Meeresbodens dominierten die Bivalven und Gastropoden, unter den Landpflanzen die Bedecktsamer.

Das Mittelmeergebiet war früher ein Teil der Tethys. An widerstandsfähigen Böschungen sind dort Kalke aufgeschlossen, die ganz aus Nummuliten aufgebaut sind. Nummuliten lebten im warmen Flachmeer. Ihre Vorkommen in Nordeuropa sind auf das Pariser Becken in Frankreich und das Hampshire-Becken in England begrenzt. In diesen Gebieten findet man vor allem Sande und Tone vor. Sie vertreten sowohl marine als auch limnische Bedingungen und zeigen, wie die känozoische Strandlinie über den Kontinentalrand hin und her geschoben wurde. Häufige Gastropoden in den marinen Sanden sind *Aporrhais, Athleta* und *Turritella.* Dies gilt auch für viele Muscheln, von denen in vielen Lokalitäten ganze Bänke einzelner Arten aufgeschlossen sind. So kommt die große Venusmuschel *Venericardia planicosta* in glaukonitischen Sanden und sandigen Tonen an der Küste in Sussex in Südostengland teilweise häufig vor. Auch aus eozänen Sedimenten von Texas ist *Venericardia* bekannt. Unter den Fischen der känozoischen Sande und Tone sind speziell die Haie und zahlreiche Arten von *Odontaspis* weltweit verbreitet. Die einzelnen Arten sind nur durch ihre spitzigen Zähne überliefert, da das knorpelige Skelett der Haie nach ihrem Tode schnell zerfällt.

Gastropoden und Bivalven bleiben die dominanten Faunenelemente der marinen Tone. Die Muscheln sind im tieferen Wasser mit *Nucula* und *Nuculana,* in den marinen Flachwassertonen des Eozäns mit *Pinna* und *Artica* vertreten. In den Tonen des flacheren Wassers und in den sandigeren Ablagerungen der Ästuare sind auch die Austern häufig. Oft findet man in den marinen Tonen auch fossiles Holz, das vom Schiffsbohrwurm *Teredo* befallen wurde.

Sande und Tone können stark durchwühlt sein. Aus vielen Horizonten ist *Thalassinoides* bekannt und kommt immer zusammen mit Septarien vor. Hierbei handelt es sich um feinkörnige Kalkkonkretionen mit innerlichen Trockenrissen. Sie bilden sich in den Tonen, und die Reste von *Thalassinoides* und anderen Spuren erscheinen als Abgüsse auf ihren äußeren Oberflächen. Die Risse in den Konkretionen sind gewöhnlich mit Calcitkristallen ausgefüllt. Manche Septarien enthalten die Reste von Krebsen, Hummern, Fischen, Schildkröten oder Krokodilen.

Aporrhais
Athleta
Nummulites
Turritella
Venericardia
Nuculana
Odontaspis
Zähne
Teredo
Pinna
Thalassinoides
(0,06x)
5 cm

Literatur

Fraas, E.: Der Petrefaktensammler. Stuttgart 1978. Franck-Kosmos-Verlag.

Geyer, O. F.: Grundzüge der Stratigraphie und Fazieskunde, I. Stuttgart 1973, Schweizerbart.

Krumbiegel, B. & Krumbiegel, G.: Fossilien der Erdgeschichte. Stuttgart 1977, Enke.

Krömmelbein, K.: Historische Geologie. In BRINKMANNs Abriß der Geologie, zweiter Band. Stuttgart 1977, Enke.

Lehmann, U.: Ammoniten – ihr Leben und ihre Umwelt. Stuttgart 1976, Enke.

ders.: Paläontologisches Wörterbuch. Stuttgart 1977, Enke.

Lehmann, U. & Hilmer, G.: Wirbellose Tiere der Vorzeit. Stuttgart 1980, Enke.

Lichter, G.: Fossilien bergen, präparieren, ausstellen. Stuttgart 1986, Franckh-Kosmos-Verlag

Mägdefrau, K.: Paläobiologie der Pflanzen. Stuttgart, 1968, G. Fischer

Mc Kerrow, W. St.: Palökologie. Stuttgart 1981, Franckh-Kosmos-Verlag

Müller, A. H.: Lehrbuch der Paläozoologie. 3. Bde. Jena 1963-1970, VEB G. Fischer.

Moore, R. C. (Hrsg.): Treatise on Invertebrate Palaentology. Lawrence, Kansas 1952. University of Kansas Press – noch nicht abgeschlossen.

Richter, A. E.: Handbuch des Fossiliensammlers. Stuttgart 1981. Franckh-Kosmos-Verlag.

Zeitschrift »fossilien«: Goldschneck-Verlag, Korb

Ziegler, B.: Einführung in die Paläobiologie. Teil 1. Allgemeine Paläontologie. Protisten. Spongien und Coelenteraten, Mollusken. Stuttgart 1983, Schweizerbart.

ders.: Einführung in die Paläobiologie. Teil 2. Spezielle Paläontologie. Protisten, Spongien und Collenteraten, Mollusken. Stuttgart 1983, Schweizerbart

Glossar

Apikalwinkel: Spitzenwinkel eines gedachten Kegels, der ein Schneckengehäuse umschließt.

Armklappe: Eine der beiden Klappen einer Brachiopodenschale, die das Armgerüst trägt.

Astrorhizen: Röhrenartige Kanäle in Stromatoporen, die sternförmig auf ein Zentrum zulaufen und sich zur Oberfläche oft verzweigen.

bipartit: Einfache Gabelung der Rippen bei Ammonoideen.

biserial: Anordnung der Theken bei Graptolithen; sie sind auf beiden Seiten des Astes aufgereiht.

Byssus: Fadenbüschel zur Festheftung bestimmter Muscheln am Meeresgrund oder anderen Organismen.

Carapax: Dorsaler Teil des Knochenpanzers von Schildkröten, oder der nach vorne stehende Teil des Kopfpanzers vieler Crustaceen.

Cheliostomata: Ordnung der Bryozoen mit kalkigen, kurzen und dikken Zooecien, mit gelenkigem Dekkel.

Corallum: Skelett einer Koralle.

Cyclostomata: Ordnung der Bryozoen. Sie haben einfache kalkige Zooecien mit runder Öffnung.

Dissepimente: Meist gewölbte, schräg zwischen Außenwand, Septen und Tabulae verlaufende Versteifungen der Korallenskelette.

dorsal: In der Rückenregion gelegen. Gegensatz: ventral.

Epithek: Dünne, von der Basalplatte ausgehende äußere Wandung der Korallenskelette.

evolut: Windungsform eines planspiralen Gehäuses: Windungshöhe < Nabelweite.

Externseite: Schalenseite eines aufgerollten cephalopoden Gehäuses, die vom Zentrum abgewendet ist.

Faunenzone: Biostratigraphische Einheit, die durch erstes und letzes Auftreten einer Faunengemeinschaft räumlich und zeitlich begrenzt ist.

Fazies: Gesamtheit aller lithologischen und biologischen Merkmale, die zu einer Aussage über die Entstehungsbedingungen und den Bildungsraum des jeweiligen Gesteinskörpers führen.

Flexur: Lokal begrenzte Schichtverbiegung.

Foramen: Öffnung im oder nahe am Wirbel der Stielklappe von Brachiopoden zur Durchführung des Stiels.

gonatopar: Verlauf der Gesichtsnaht bei Trilobiten: Von der Vorderkante zur Wangenecke.

gyrokon: Kräftig gebogene, jedoch nicht spiralige Gehäuseform bei Nautiloideen.

heteromorph: Bezeichnung für ungewöhnliche Gehäuseformen bei Ammonoideen, wie z. B. offene Spiralen, gestreckte oder trochospirale Formen vor allem aus der Kreide.

Horizont: Charakteristische Schicht in Sedimentgesteinen.

Interradiale: Eine Art der Kleinen Platten am Kelch der Krinoiden.

involut: Windungsform eines planspiralen Gehäuses: Windungshöhe > Nabelweite.

Irreguläre Echinoideen: Seeigel, bei denen Mund und After aus der zentralen Position ausgewandert sind.

Kiel: Zuschärfung der Externseite bei Ammonoideen.

Klasten: Trümmer von Gesteinen (Lithoklasten) oder Fossilien (Bioklasten) im Sediment.

konkav-konvex: Wölbung einer Brachiopodenschale: Armklappe konkav, Stielklappe konvex.

Ligamentgrube: Vertiefung am Schloßrand bei Muscheln zur Aufnahme des Ligaments, das die Klappen verbindet und öffnet.

Lithologie: Beschreibung der Erscheinungsformen von Gesteinen mit Hilfe von Gefüge, Korngröße und Zusammensetzung.

Mamelonen: Niedrige oder höhere Höcker auf der Oberfläche von Stromatoporen.

Neuralbogen: Der das Rückenmark umschließende Teil des Wirbels von Tetrapoden.

Onkolith: Runder, durch Algen aufgebauter, schaliger Karbonatpartikel.

Operculum: Deckelorgang bei Bryozoen und bei der Koralle *Calceola sandalina*.

opisthopar: Verlauf der Gesichtsnaht bei Trilobiten: Von der Vorderkante zur Hinterkante.

Orbita: Augenöffnung im Schädeldach der Wirbeltiere.

orthokon: Geradlinig gestreckte Gehäuseform bei Nautiloideen.

Oskulum: Mündungsöffnung des Hohlraums der Schwämme.

Phragmokon: Gekammerter Gehäuseteil bei Cephalopoden.

plan-konvex: Brachiopodenschale mit flacher Armklappe und konvexer Stielklappe.

planspiral: Gastropoden- oder Cephalopodengehäuse, die in einer Ebene aufgerollt sind.

Polyp: Zylindrischer Körper von Korallen und Seeanemonen mit flacher Unterseite und von einem Tentakelkranz umgebenen Mund an der Oberseite.

Proostraktum: Zungenförmige Verlängerung des dorsalen Gehäuserandes bei Belemniten.

propar: Verlauf der Gesichtsnaht bei Trilobiten: von der Vorderkante zur Seitenkante.

Radiale: Eine Art der kleinen Platten am Kelch von Krinoiden.

Reguläre Echinoideen: Seeigel, bei denen sich der Mund im Zentrum der Unterseite und der After gegenüber in der Scheitelregion befindet.

Rhabdosom: Name für die Kolonie eines Graptolithen.

Rostrum: Massives, geschoßähnliches Hauptteil des Belemnitenskeletts.

Schichtfläche: Meist ebene Fläche im Anlagerungsgefüge von Sedimentgesteinen. Sie stellt die ursprüngliche Ablagerungsfläche auf dem Grund eines Gewässers dar.

Scutum: Bei Schildkröten: allgemein für Hornschild. Bei Cirripediern: Plattenpaar an der Bauchseite.

Septum: Bei Korallen: Vertikal radiales Skelettelement. Bei Cephalopoden: Kammerscheidewand des Phragmokons. Bei Brachiopoden: Inneres Stützelement.

Sinus: Einbuchtung in der Mantellinie von Muschelschalen.

Sipho: 1. Fleischige Röhren von Gastropoden und Bivalven zur Frischwasserversorgung. 2. Verbindungskanal zwischen den Kammern des Phragmokons der Cephalopoden.

Spiraculum: Kleine Öffnung in jeder der deltoiden Platten um die Mundöffnung von Blastoideen.

Spondylum: Löffelförmige Platten in der Schnabelregion der Stielklappe artikulater Brachiopoden.

strophisch: Form von Brachiopodenschalen, bei denen der Hinterrand zugleich der Schloßrand ist und wenn beide Klappen gleich lang sind.

Sulcus: Vertiefung in der Skulptur von Ostrakoden.

Suturlinie: Berührungslinie zwischen Außenwand und Kammerseptum bei Cephalopoden.

Tabulae: Horizontale Skelettelemente vieler Korallen.

Tegmen: Kelchdecke bei Krinoiden.

Telson: Schwanzstachel vieler Arthropoden; bei Trilobiten am hinteren Teil der Thorax-Spindel.

Theka: Bei Krinoiden: Kelch. Bei Graptolithen: becherförmige Röhrchen an den Ästen der Rhabdosome.

Typusgattung: Repräsentative Gattung für eine Familie.

uniserial: Anordnung der Theken bei Graptolithen: sie sind nur auf einer Seite des Astes aufgereiht.

ventral: Unterseite oder Bauchseite eines Tieres.

Schema einiger Invertebraten

Die folgenden Abbildungen sollen den Aufbau vieler Invertebraten verständlich machen, auf die man bei der Fossilsuche stoßen wird. Außerdem sollen sie helfen, einige Begriffe aus dem Begleittext der Bestimmungstafeln zu erklären. Wenn Sie eines Tages die Schale oder den Körper eines Fossils finden, sollten Sie sich daran erinnern, daß Fundstücke aus sehr alten Schichten möglicherweise zu Calcit oder Pyrit umkristallisiert sind und durch viele Faktoren verändert wurden. Betrachten Sie es genau von allen Seiten, denn es könnte ja z. B. nur die Spitze eines Gehäuses oder der Querschnitt einer Koralle sein. Oder aber das Fossil hat nur einen Abdruck oder einen Steinkern hinterlassen. In vielen Fällen sind Poren und feine Strukturen verfüllt und erschweren die Erkennung nach den geschilderten Merkmalen.

Archaeocyathide

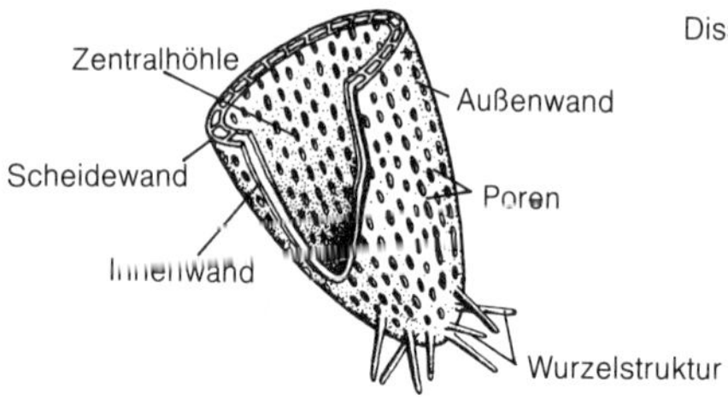

Koralle

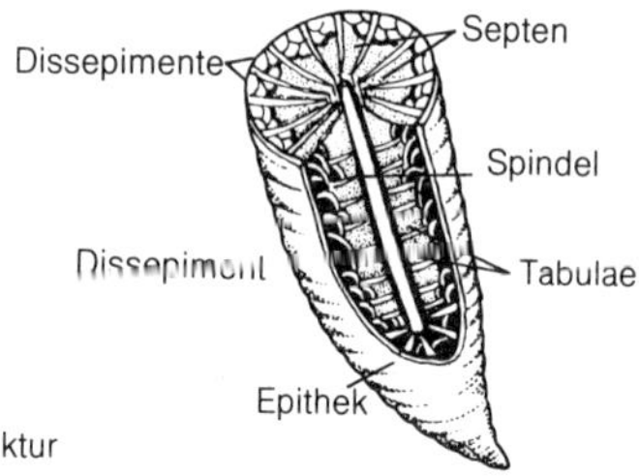

Molluske
Gastropode (Schale z.T. entfernt)

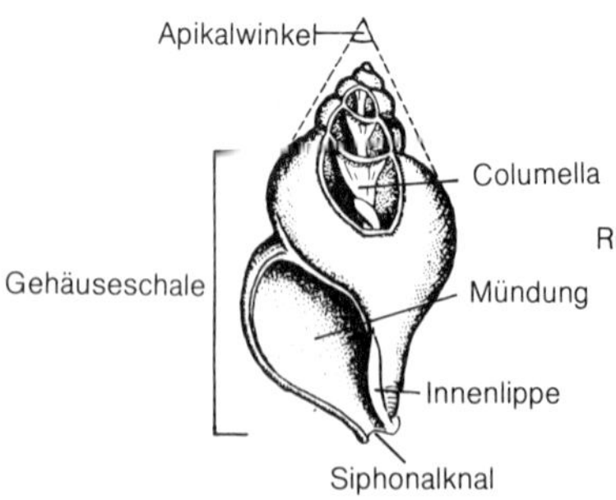

Molluske
Ammonit *(unten)*
und Belemnit *(ganz unten)*

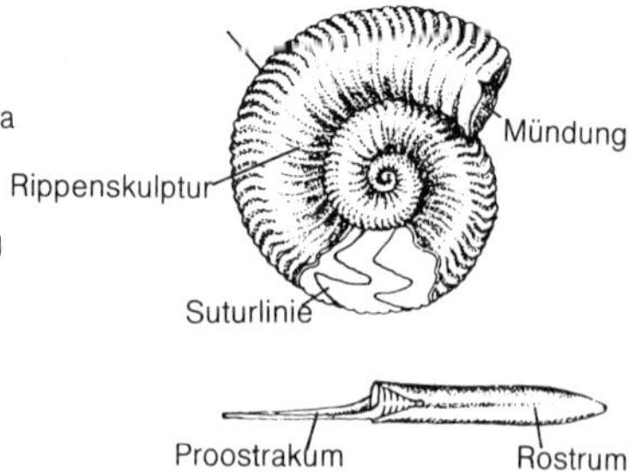

Echinodermen

Krinoide

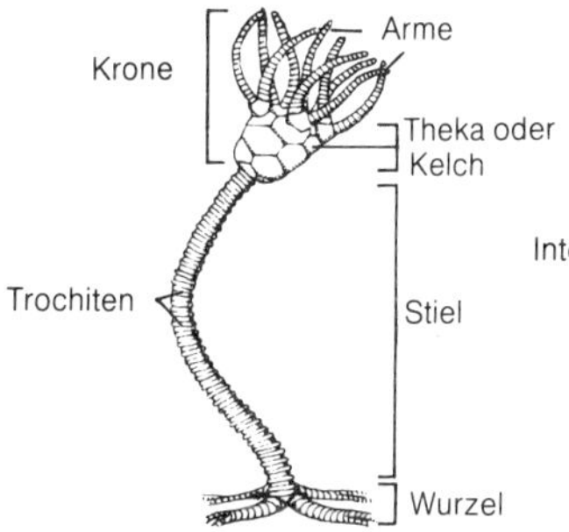

Seeigelgehäuse

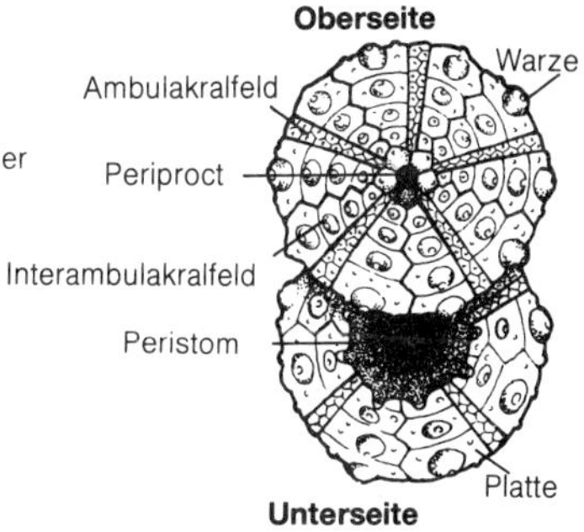

Trilobit
(Dorsalseite)

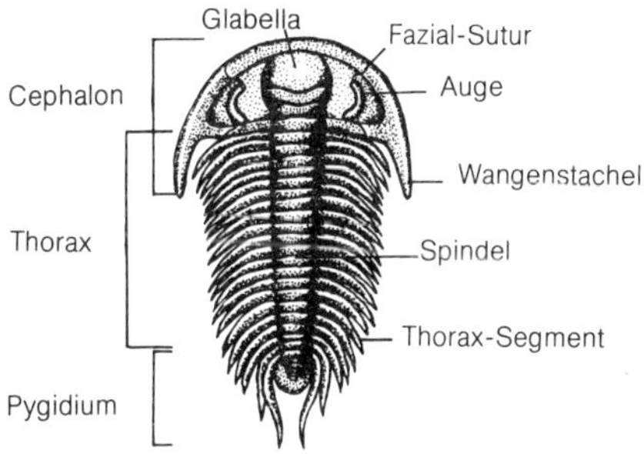

Bryozoe

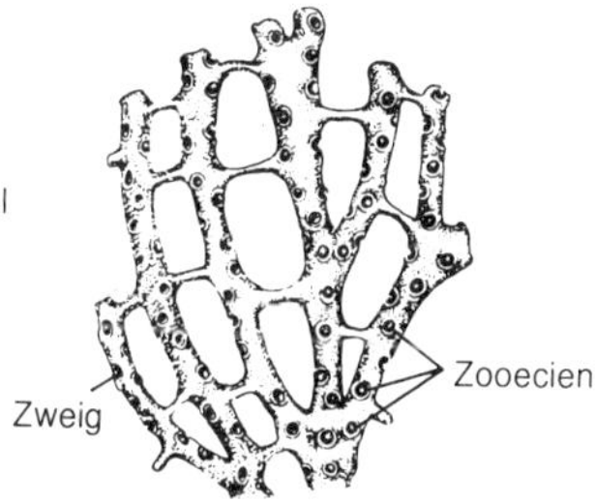

Molluske
Bivalve (eine Klappe entfernt)

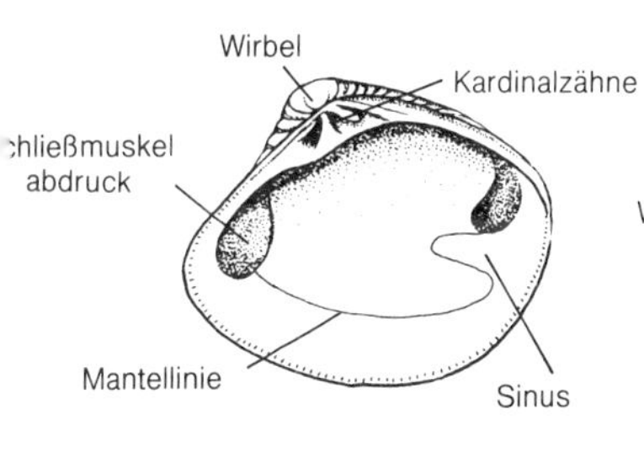

Brachiopode
(Schale teilweise entfernt)

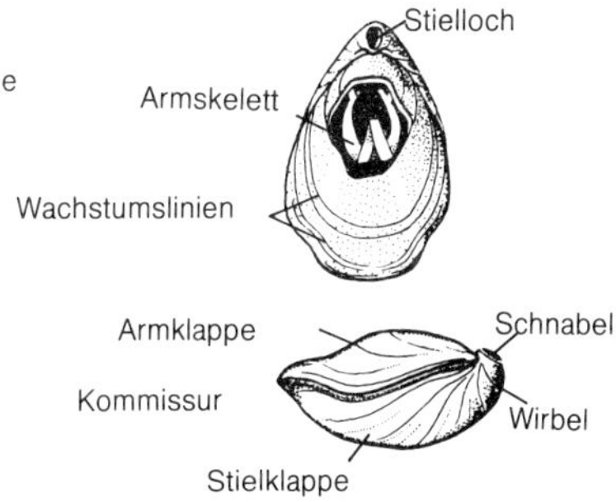

Register

Kursiv gedruckte Seitenzahlen weisen auf Abbildungen.